高等职业技术教育"十二五"规划教材

# 地形测量实训指导

鲁 纯　张慧慧　主编

西南交通大学出版社
·成都·

## 内容简介

本实训指导书是专为满足高职高专测绘类及相关专业的教学需要而编写的,并与《地形测量》教材相配套。本书共分为三个部分,包括实训总则、地形测量课内实训、地形测量综合实训,内容涵盖了地形测量整个工作过程。

本书可作为高职高专测绘类专业及相关专业教材,也可供相关工程技术人员参考使用。

---

图书在版编目(CIP)数据

地形测量实训指导 / 鲁纯,张慧慧主编. —成都:
西南交通大学出版社,2014.4
高等职业技术教育"十二五"规划教材
ISBN 978-7-5643-3005-7

Ⅰ. ①地… Ⅱ. ①鲁… ②张… Ⅲ. ①地形测量-高等职业教育-教学参考资料 Ⅳ. ①P217

中国版本图书馆 CIP 数据核字(2014)第 063231 号

---

高等职业技术教育"十二五"规划教材

### 地形测量实训指导

鲁 纯　张慧慧　主编

\*

责任编辑　杨　勇
助理编辑　姜锡伟
特邀编辑　曾荣兵
封面设计　本格设计

西南交通大学出版社出版发行
四川省成都市金牛区交大路 146 号　邮政编码:610031　发行部电话:028-87600564
http://press.swjtu.edu.cn

成都蓉军广告印务有限责任公司印刷

\*

成品尺寸:185 mm×260 mm　　印张:6.5
字数:161 千字
2014 年 4 月第 1 版　　2014 年 4 月第 1 次印刷
ISBN 978-7-5643-3005-7
定价:15.00 元

图书如有印装质量问题　本社负责退换
版权所有　盗版必究　举报电话:028-87600562

# 前　言

  地形测量是高职高专测绘类及其相关专业的一门专业基础课程，是理论与实践并重的一门课程。地形测量学课程授课时需要进行课间实验实训，课程结束后还要进行测量综合实训，以使学生进一步系统全面地掌握地形测量知识点与技能点。本书作为《地形测量》的配套实训教材，为了更好地搞好这两个重要的教学实践环节，编写过程中，十分注重理论与实践相结合，特别强调培养学生的创新思维和实际动手能力，充分体现以项目为主线、以任务为载体的职业课程培养模式，以满足高职院校学生能力培养的需要。

  本书共分三部分：第一部分为测量实训总则，包括测量实习一般规定、测量仪器的使用规则等；第二部分为测量课内实训，包括18个课间实训项目，每个实训含实训目的、仪器与工具、实训内容、注意事项等；第三部分为地形测量综合实训，阐述了地形测量实习的目的、内容、方法、要求、成果整理和实习总结等。每个实训后均附有测量记录用表，测量时可在表上直接填写。

  本书由辽宁省交通高等专科学校鲁纯、张慧慧主编，辽宁林业职业技术学院刘丹丹任副主编。编写分工为：第一部分由刘丹丹编写，第二部分由张慧慧编写，第三部分由鲁纯编写。在本书的编写过程中，参考并借鉴了许多同类教材，在此向相关作者深表谢意。

  由于编者水平有限，书中难免存在不足之处，恳请读者批评指正。

编　者

2013 年 12 月

# 目 录

第一部分　地形测量实训总则 ………………………………………………………… 1

第二部分　地形测量课内实训 ………………………………………………………… 6

　实训一　微倾式水准仪的认识与技术操作 …………………………………………… 6
　实训二　自动安平水准仪的认识与使用 ……………………………………………… 9
　实训三　等外水准测量 ……………………………………………………………… 11
　实训四　四等水准测量 ……………………………………………………………… 13
　实训五　微倾式水准仪的检验与校正 ……………………………………………… 15
　实训六　电子水准仪的认识和使用 ………………………………………………… 18
　实训七　$DJ_6$ 型光学经纬仪的认识与技术操作 …………………………………… 20
　实训八　$DJ_2$ 型光学经纬仪的认识与技术操作 …………………………………… 23
　实训九　测回法观测水平角 ………………………………………………………… 26
　实训十　竖直角观测 ………………………………………………………………… 28
　实训十一　光学经纬仪的检验与校正 ……………………………………………… 30
　实训十二　全站仪的基本操作与使用 ……………………………………………… 33
　实训十三　全站仪三维坐标测量 …………………………………………………… 37
　实训十四　三角高程测量 …………………………………………………………… 38
　实训十五　全站仪导线测量 ………………………………………………………… 40
　实训十六　经纬仪测绘法测图 ……………………………………………………… 41
　实训十七　数字化测图 ……………………………………………………………… 43
　实训十八　数字化地图绘制 ………………………………………………………… 45

第三部分　地形测量综合实训 ………………………………………………………… 47

参考文献 ………………………………………………………………………………… 59

附表 ……………………………………………………………………………………… 60

# 第一部分　地形测量实训总则

地形测量实训是为学生能够掌握地形测量基本技能所进行的训练，对学生良好的职业素养的培养起着重要的作用。在实训中，要严格执行现行的测量规范、遵守测绘行规、高度仿真实际地形测量工作过程，达到训练目的。地形测量实训中要遵守相关的技术要求。

## 一、实训前的准备

### 1. 业务准备

每次实训开始之前，每名学生必须充分做好如下个人业务准备工作：

（1）必须明确实训的目的、内容和要求。这在本书各实训项目中都已写明，所以要求每次实训前一定要熟读相关实训内容。

（2）认真学习相关理论、自行设计完成实训任务的技术方法。有关方法的理论依据和具体内容通常在教材中能够找到答案。因此，要求每位实训者在实训之前要认真学习教材中有关项目的内容，在理解的基础上加以归纳、总结，使之成为个人的见解，设计完成实训任务的技术途径。

（3）在认真学习教材内容，融会贯通、掌握方法的基础上，拟定出实训实施步骤和细则。对实训的全过程应心中有数，做起来有条不紊。

### 2. 实训器材、实训场地的准备

实训器材的准备工作一般由测量实验室有关老师根据实训任务书的要求逐一落实。实训进行前，每组同学遵照实验室的规章制度办理领取手续后，方可带出实验室。实训中需要的一些文具用品应自备。

实训场地将根据实训内容的要求，由指导教师事先进行准备。实训课开始前，实训者必须到指定地点就位。

具体注意事项如下：

（1）实习分小组进行，组长负责组织协调工作，办理所用仪器工具的借领和归还手续。

（2）实习应在规定的时间进行，不得无故缺席或迟到早退；应在指定的场地进行，不得擅自改变地点或离开现场。

（3）必须遵守本书列出的"测量仪器工具的借领与使用规则"和"测量记录与计算规则"。

（4）服从教师的指导，严格按照本书的要求认真、按时、独立地完成任务。每项实习都应取得合格的成果，提交书写工整、规范的实习报告或实习记录，经指导教师审阅同意后，才可交还仪器工具，结束工作。

（5）在实训过程中，应遵守纪律，爱护现场的花草、树木和农作物，爱护周围的各种公共设施，任意砍折、踩踏或损坏者应予赔偿。

## 二、测量仪器的借领、使用和维护

对测量仪器、工具的正确使用、精心爱护和科学保养，是测量人员必须具备的素质和应该掌握的技能，也是保证测量成果质量、提高测量工作效率和延长仪器工具使用寿命的必要条件。在仪器工具的借领与使用中，必须严格遵守下列规定：

### 1．仪器的借领

学生进行地形测量实训，所用仪器设备应依学校的有关规定到实验室借领，借领时应做如下项目的检查：

（1）仪器箱检查。仪器箱盖是否关好、锁好，锁扣是否牢固，仪器箱背带、提手是否牢固。

（2）脚架检查。脚架与仪器是否匹配，脚架是否稳固、各部位是否完好。

（3）仪器检查。该项检查涉及内容较多，不同类型的仪器检查的项目也不尽相同，借领仪器时应对所借仪器做全面检查或对部分主要项目进行检查。检查项目大致如下：仪器有无旧有的摔伤或破损，箱内附件是否齐全，制微动机构功能是否正常，照准部是否旋转自如，光学测微器功能是否正确，目镜与物镜的调焦功能，光学镜片有无污迹，脚螺旋是否间隙适中、旋转自如，对点器功能是否正确，其他各按键及旋钮的功能是否正常等。对于电子类仪器设备，应做通电测试。

（4）附属设备检查。有些实训项目需要用到其他一些附属设备，如反光棱镜、对讲机、温度计、气压计、充电器、水准标尺等，对这些附属设备的功能和质量应做仔细检查。

### 2．仪器的归还

（1）仪器用毕归还前，应将脚螺旋、微动螺旋至于适中位置，并用毛刷将仪器上灰尘掸净，盖好物镜盖。

（2）将脚架上的泥土及灰尘擦拭干净。

（3）如仪器在使用时出现过异常情况，应主动向仪器管理人员说明。

（4）将仪器箱打开，等待仪器管理人员检查验收。

### 3．仪器的使用

（1）仪器安置之后，不论是否操作，必须有人看护，防止无关人员搬弄或行人、车辆碰撞。

（2）在打开物镜时或在观测过程中，如发现有灰尘，可用镜头纸或软毛刷轻轻拂去，严禁用手指或手帕等物擦拭镜头，以免损坏镜头上的镀膜。观测结束后应及时套好镜盖。

（3）转动仪器时，应先松开制动螺旋，再平稳转动。使用微动螺旋时，应先旋紧制动螺旋。

（4）制动螺旋应松紧适度，微动螺旋和脚螺旋不要旋到顶端，使用各种螺旋时都应均匀用力，以免损伤螺纹。

（5）在野外使用仪器时，应该撑伞，严防日晒雨淋。

（6）在仪器发生故障时，应及时向指导教师报告，不得擅自处理。

### 4. 仪器的搬迁

（1）在行走不便的地区迁站或远距离迁站时，必须将仪器装箱之后再搬迁。

（2）短距离迁站时，可将仪器连同脚架一起搬迁。其方法是：先取下垂球，检查并旋紧仪器连接螺旋，松开各制动螺旋使仪器保持初始位置（经纬仪望远镜物镜对向度盘中心，水准仪的水准器向上）；再收拢三脚架，左手握住仪器基座或支架放在胸前，右手抱住脚架放在肋下，稳步行走。严禁斜扛仪器，以防碰摔。

（3）搬迁时，小组其他人员应协助观测员带走仪器箱和有关工具。

### 5. 仪器的装箱

（1）每次使用仪器之后，应及时清除仪器上的灰尘及脚架上的泥土。

（2）仪器拆卸时，应先将仪器脚螺旋调至大致同高的位置，再一手扶住仪器，一手松开连接螺旋，双手取下仪器。

（3）仪器装箱时，应先松开各制动螺旋，使仪器就位正确，试关箱盖并确认放妥后，再拧紧制动螺旋，然后关箱上锁。若合不上箱口，切不可强压箱盖，以防压坏仪器。

（4）清点所有附件和工具，防止遗失。

### 6. 使用仪器注意事项

（1）有太阳时必须给仪器打伞遮阳，防止烈日暴晒；注意防止雨淋仪器和仪器箱。

（2）在任何时候，仪器必须有人守护。

（3）制动螺旋不宜拧得太紧；微动螺旋和脚螺旋宜使用中段，松紧要调节适当。

（4）操作仪器时，用力要均匀，动作要准确、轻捷，用力过大或动作太猛都会对仪器造成伤害。

（5）仪器用毕装箱前，清点箱内附件，如有缺少，立刻寻找。用软毛刷轻拂仪器表面的灰土，将物镜盖盖好，然后将仪器箱关上，扣紧、锁好。

（6）实训期间尽量使存放仪器的室温与工作地点的温度接近。

（7）棱镜、透镜等光学部件不得用手接触或用毛巾等擦拭，必要时要使用擦镜纸或麂皮擦拭。

（8）水准测量中，扶尺员立尺时要用双手扶好，严禁脱开双手。要注意保护好标尺的分划面和底面。观测间歇期间，不得将标尺随便靠在树上或墙上。

（9）对于电子仪器，应保证其电源电压稳定可靠；决不可把物镜对向太阳，以免烧毁电子元器件；当出现极端气象天气时，应停止观测。

### 7. 仪器出现故障时的处理

（1）发现仪器出现故障，应立即停止使用，及时向指导教师或仪器管理人员汇报，禁止擅自拆卸，应由实验室专业维修人员进行维修。

（2）仪器出现故障，不能勉强带病使用，以免加剧损坏。

（3）当仪器在使用时出现像滑落等重大事故时，绝不可隐瞒，应及时向指导教师汇报，并将事故的详细经过以书面形式上报至仪器管理部门。

8．测量工具的使用

（1）钢尺的使用：应防止扭曲、打结和折断，防止行人踩踏或车辆碾压，尽量避免尺身着水。携尺前进时，应将尺身提起，不得沿地面拖行，以防损坏刻划。用完钢尺应擦净、涂油，以防生锈。

（2）皮尺的使用：应均匀用力拉伸，避免着水、车压。如果皮尺受潮，应及时晾干。

（3）各种标尺、花杆的使用：应注意防水、防潮，防止受横向压力，不能磨损尺面刻划的漆皮，不用时安放稳妥。塔尺的使用，应注意接口处的正确连接，用后及时收尺。

（4）测图板的使用：应注意保护板面，不得乱写乱扎，不能施以重压。

（5）小件工具如垂球、测钎、尺垫等的使用：应用完即收，防止遗失。

（6）一切测量工具都应保持清洁，专人保管、搬运，不能随意放置，更不能作为捆扎、抬、担的它用工具。

# 三、测量资料的记录要求

测量记录是外业观测成果的记载和内业数据处理的依据。在测量记录或计算时必须严肃认真，一丝不苟，严格遵守下列规则：

（1）在测量记录之前，准备好硬芯（2H或3H）铅笔，同时熟悉记录表上各项内容及填写、计算方法。

（2）记录观测数据之前，应将记录表头的仪器型号、日期、天气、测站、观测者及记录者姓名等无一遗漏地填写齐全。

（3）观测者读数后，记录者应随即在测量记录表上的相应栏内填写，并复诵回报以资检核。不得另纸记录事后转抄。

（4）记录时要求字体端正清晰，数位对齐，数字对齐。字体的大小一般占格宽的1/3～1/2，字脚靠近底线；表示精度或占位的"0"均不可省略。

（5）观测数据的尾数不得更改，读错或记错后必须重测重记。例如，角度测量时，秒级数字出错，应重测该测回；水准测量时，毫米级数字出错，应重测该测站；钢尺量距时，毫米级数字出错，应重测该尺段。

（6）观测数据的前几位若出错时，应用细横线划去错误的数字，并在原数字上方写出正确的数字。注意不得涂擦已记录的数据。禁止连环更改数字，例如：水准测量中的黑、红面读数，角度测量中的盘左、盘右，距离丈量中的往、返量等，均不能同时更改，否则重测。

（7）记录数据修改后或观测成果废去后，都应在备注栏内写明原因（如测错、记错或超限等）。

（8）每站观测结束后，必须在现场完成规定的计算和检核，确认无误后方可迁站。

（9）数据运算应根据所取位数，按"四舍六入，五前单进双舍"的规则进行凑整。

（10）应该保持测量记录的整洁，严禁在记录表上书写无关内容，更不得丢失记录表。

## 四、测量成果的整理、计算及要求

（1）测量成果的整理与计算应用规定的印制表格或事先画好的计算表格进行。
（2）内业计算用钢笔或碳素笔书写，如计算数字有错误，可用刀片刮去重写或将数字划去另写。
（3）上交计算成果应是原始计算表格，所有计算结果不得另行转抄。
（4）成果的记录、计算的小数取位要按规定执行。

# 第二部分 地形测量课内实训

## 实训一 微倾式水准仪的认识与技术操作

### 一、实训目的

（1）认识水准仪的一般构造。
（2）熟悉水准仪的技术操作方法。

### 二、仪器与工具

（1）由仪器室借领：$DS_3$型水准仪1台，水准尺1根，记录板1块，测伞1把。
（2）自备：铅笔、草稿纸。

### 三、实训内容

（1）指导教师现场讲解水准仪的构造及操作方法（见图2-1）。

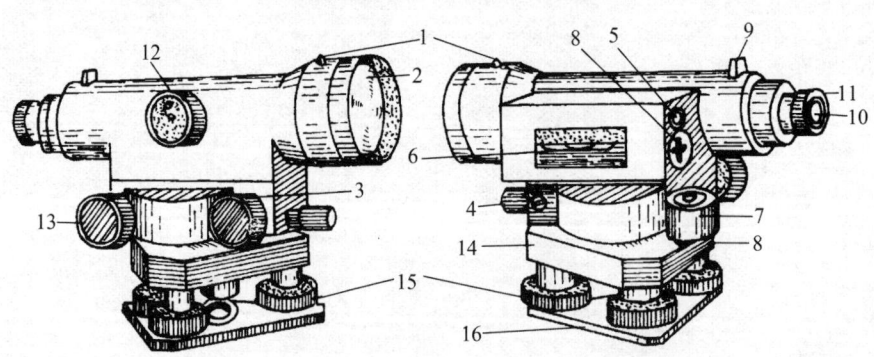

图 2-1

1—准星；2—物镜；3—微动螺旋；4—制动螺旋；5—符合水准器观测镜；6—水准管；
7—圆水准器；8—校正螺丝；9—照门；10—目镜；11—目镜对光螺旋；
12—物镜对光螺旋；13—微倾螺旋；14—基座；
15—脚螺旋；16—连接板

（2）安置和粗平水准仪。水准仪的安置主要是整平圆水准器，使仪器大略水平。做法是：选好安置位置，将仪器用连接螺旋安紧在三脚架上，先踏实两脚架尖，摆动另一只脚架使圆水准器气泡大略居中，然后转动脚螺旋使气泡居中。转动脚螺旋使气泡居中的操作规律是：气泡需要向哪个方向移动，左手拇指就向哪个方向转动脚螺旋。如图 2-2（a）所示，气泡偏离在 $a$ 的位置，首先按箭头所指的方向同时转动脚螺旋①和②，使气泡移到 $b$ 的位置；再按箭头所指方向转动脚螺旋③，使气泡居中，如图 2-2（b）所示。

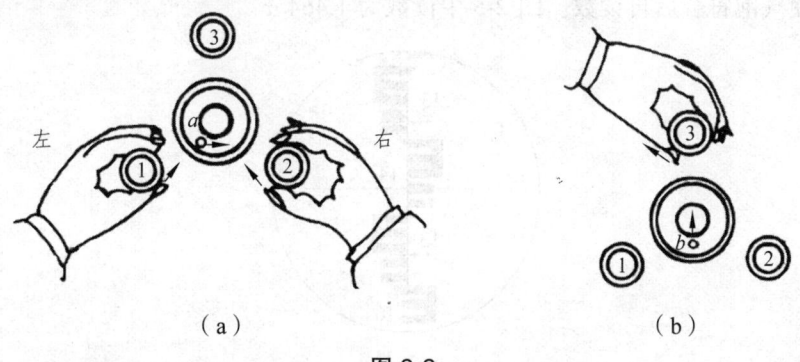

图 2-2

（3）用望远镜照准水准尺，并且消除视差。

首先用望远镜对着明亮背景，转动目镜对光螺旋，使十字丝清晰可见；然后松开制动螺旋，转动望远镜，利用镜筒上的准星和照门照准水准尺，旋紧制动螺旋；再转动物镜对光螺旋，使尺像清晰。此时如果眼睛上、下晃动，十字丝交点总是指在标尺物像的一个固定位置，即无视差现象，如图 2-3（a）所示；如果眼睛上、下晃动，十字丝横丝在标尺上错动就是有视差，说明标尺物像没有呈现在十字丝平面上，如图 2-3（b）所示。若有视差将影响读数的准确性。消除视差时要仔细进行物镜对光，使水准尺看得最清楚，这时如十字丝不清楚或出现重影，再旋转目镜对光螺旋，直至完全消除视差为止，最后利用微动螺旋使十字丝精确照准水准尺。

图 2-3

（4）精确整平水准仪。

转动微倾螺旋使管水准器的符合水准气泡两端的影像符合，如图 2-4 所示。转动微倾螺旋要稳重，慢慢地调节，避免气泡上下不停错动。

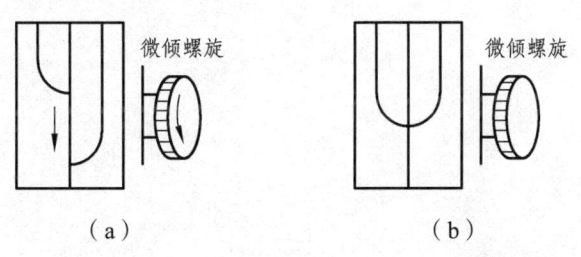

图 2-4

（5）读数。

以十字丝横丝为准读出水准尺上的数值，读数前，要对水准尺的分划、注记分析清楚，找出最小刻划单位，整分米、整厘米的分画及米数的注记。先估读毫米数，再读出米、分米、厘米数。要特别注意不要错读单位和发生漏 0 现象。读数后，应立即查看气泡是否仍然符合，否则应重新使气泡符合后再读数。图 2-5 中读数为 1.464 m。

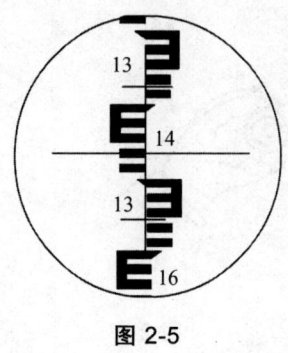

图 2-5

## 四、注意事项

（1）安置仪器时应将仪器中心连接螺旋拧紧，防止仪器从脚架上脱落下来。

（2）水准仪为精密光学仪器，在使用中要按照操作规程作业，各个螺旋要正确使用。

（3）在读数前务必将水准器的符合水准气泡严格符合，读数后应复查气泡符合情况，发现气泡错开，应立即重新将气泡符合后再读数。

（4）转动各螺旋时要稳、轻、慢，不能用力过大。

（5）在实习过中要及时填写实习报告，发现问题，及时向指导教师汇报，不能自行处理。

（6）水准尺必须有人扶着，决不能立在墙边或靠在电杆上，以防摔坏。

（7）螺旋转到头要返转回来少许，切勿继续再转，以防脱扣。

## 五、上交资料

每人上交水准仪的认识与技术操作实习报告一份。

# 实训二　自动安平水准仪的认识与使用

## 一、实训目的

(1) 认识 $DS_3$-Z 型自动安平水准仪的基本构造、性能及自动安平原理。
(2) 掌握自动安平水准仪的操作方法。
(3) 练习水准测量一测站的观测、记录和计算。

## 二、仪器与工具

每实训小组的仪器：$DS_3$-Z 水准仪 1 台，水准塔尺 2 把，尺垫 2 个，记录板 1 块，自备铅笔 1 根。

## 三、实训内容

### 1. $DS_3$-Z 型自动安平水准仪的认识

自动安平水准仪在望远镜的光学系统中设置了一个补偿棱镜，当圆水准器气泡居中，仪器处于粗平状态时，即望远镜的视线有微量倾斜时，补偿器在重力作用下对望远镜做相对移动，从而能自动而迅速地获得视线水平时的标尺读数。

自动安平水准仪由于没有制动螺旋、管水准器和微倾螺旋，在观测的时候，仪器粗略整平后，即可直接在水准尺上进行读数。因此自动安平水准仪的优点是省略了"粗平"过程，从而大大加快了测量速度。图 2-6 为 $DS_3$-Z 型水准仪的外形和各部件名称。

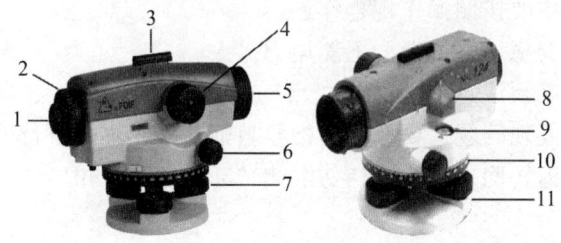

图 2-6

1—目镜；2—目镜调焦螺旋；3—粗瞄器；4—调焦螺旋；5—物镜；6—水平微动螺旋；
7—脚螺旋；8—反光镜；9—圆水准器；10—刻度盘；11—基座

### 2. 水准仪的使用

(1) 安置和整平水准仪。

将水准仪安置在三脚架上，调节脚螺旋（方法与调节微倾式水准仪相同），使圆水准器泡居中。

（2）消除视差，瞄准水准尺。

首先用望远镜对着明亮背景，转动目镜对光螺旋，使十字丝清晰可见；然后松开制动螺旋，转动望远镜，利用镜筒上的准星和照门照准水准尺，旋紧制动螺旋；再转动物镜对光螺旋，使尺像清晰。此时如果眼睛上、下晃动，十字丝交点总是指在标尺物像的一个固定位置，即无视差现象；如果眼睛上、下晃动，十字丝横丝在标尺上错动就是有视差，说明标尺物像没有呈现在十字丝平面上。若有视差，将影响读数的准确性。消除视差时要仔细进行物镜对光，使水准尺看得最清楚，这时如十字丝不清楚或出现重影，再旋转目镜对光螺旋，直至完全消除视差为止，最后利用微动螺旋使十字丝精确照准水准尺。

（3）读数。

读数方法与微倾式水准仪相同。

3．一测站的观测、记录和计算

每个小组在实训场地上选定两点（相距 50 m 左右），放上尺垫，在尺垫上立水准尺，一点作为后视点，另一点作为前视点。每人独立完成仪器的安置、粗平、瞄准、精平、读数每一个实训步骤。

## 四、技术要求

（1）仪器高度的变化幅度应在 10 cm 左右。
（2）两次测定的高差之差应小于 5 mm。
（3）各小组成员所测高差的最大值与最小值之差不超过 5 mm。

## 五、注意事项

（1）前后视距大略相等，水准尺要立直，尺垫应用脚踩实。
（2）水准仪在使用中要按照操作规程作业。
（3）转动各螺旋时要稳、轻、慢，不能用力过大。
（4）瞄准水准尺时必须注意消除视差。
（5）在实习过程中发现问题，要及时向指导教师汇报，不能自行处理。
（6）螺旋转到头要返转回来少许，切勿继续转动，以防脱扣。

## 六、上交资料

（1）每人上交实训报告。
（2）每人上交水准测量记录表。

# 实训三　等外水准测量

## 一、实训目的

（1）熟悉水准仪的构造及使用方法。
（2）掌握等外水准测量的实际作业过程。
（3）施测一闭合水准路线，计算其闭合差。

## 二、仪器与工具

（1）由仪器室借领：$DS_3$型水准仪1台，塔尺2根，记录板1块，尺垫2个。
（2）自备：计算器、铅笔、小刀、草稿纸。

## 三、实习内容

（1）全组共同施测一条闭合水准路线，其长度以安置6～8个测站为宜。确定起始点及水准路线的前进方向。人员分工为：两人扶尺，一人记录，一人观测。施测2～3站后轮换工作。
（2）在每一站上，观测者首先应整平仪器，然后照准后视尺，对光、调焦、消除视差。慢慢转动微倾螺旋，将管水准器的气泡严格符合后，读取中丝读数，记录员将读数记入记录表中。读完后视读数，紧接着照准前视尺，用同样的方法读取前视读数。记录员把前、后视读数记好后，应立即计算本站高差。
（3）用2叙述的方法依次完成本闭合线路的水准测量。
（4）水准测量记录中要特别细心，当记录者听到观测者所报读数后，要回报观测者，经默许后方可记入记录表中。观测者应注意复核记录者的复诵数字。
（5）观测结束后，立即算出高差闭合差 $f_h = \sum h_i$，如果 $f_h \leq f_{h容}$，说明观测成果合格，即可算出各立尺点高程（假定起点高程为500 m）；否则，要进行重测。

## 四、注意事项

（1）水准测量工作要求全组人员紧密配合，互谅互让，禁止闹意见。
（2）中丝读数一般以米为单位时，读数保留小数点后三位，记录员也应记满四个数字，末位的"0"不可省略。
（3）扶尺者要将尺扶直，与观测人员配合好，选择好立尺点。
（4）水准测量记录中严禁涂改、转抄，不准用钢笔、圆珠笔记录，字迹要工整、整齐、整洁。

（5）每站水准仪置于前、后尺距离基本相等处，以消除或减少视准轴不平行于水准管轴的误差以及其他误差的影响。

（6）在转点上立尺，读完上一站前视读数后，在下一站的测量工作未完成之前绝对不能碰、动尺垫或弄错转点位置。

（7）为校核每站高差的正确性，应按变换仪器高的方法进行施测，以求得平均高差值作为本站的高差。

（8）限差要求：同一测站两次仪器高所测高差之差应小于 5 mm；水准路线高差闭合差的容许值为 $f_{h容} = \pm 40\sqrt{n}$（或 $\pm 12\sqrt{n}$）mm。

## 五、上交资料

（1）每人上交合格的等外水准测量记录表一份。

（2）每人上交实习报告一份。

# 实训四　四等水准测量

## 一、实训目的

（1）学会用双面水准尺进行四等水准测量的观测、记录、计算。
（2）熟悉四等水准测量的主要技术指标，掌握测站及水准路线的检核方法。

## 二、仪器与工具

（1）由仪器室借领：$DS_3$型水准仪1台，双面水准尺2根，记录板1块，尺垫2个，测伞1把。
（2）自备：计算器、铅笔、小刀、计算用纸。

## 三、实训内容

（1）选定一条闭合或附合水准路线，其长度以安置4～6个测站为宜。沿线标定待定点的地面标志。

（2）在起点与第一个立尺点之间设站，安置好水准仪后，按以下顺序观测：

后视黑面尺，读取下、上丝读数；精平，读取中丝读数；分别记入记录表（1）、（2）、（3）顺序栏中。

前视黑面尺，读取下、上丝读数；精平，读取中丝读数；分别记入记录表（4）、（5）、（6）顺序栏中。

前视红面尺，精平，读取中丝读数；记入记录表（7）顺序栏中。
后视红面尺，精平，读取中丝读数；记入记录表（8）顺序栏中。
这种观测顺序简称"后—前—前—后"，也可采用"后—后—前—前"的观测顺序。

（3）各种观测记录完毕应随即计算：

① 黑、红面分划读数差（即同一水准尺的黑面读数+常数$K$–红面读数）填入记录表（9）、（10）顺序栏中；
② 黑、红面分画所测高差之差填入记录表（11）、（12）、（13）顺序栏中；
③ 高差中数填入记录表（14）顺序栏中；
④ 前、后视距（即上、下丝读数差乘以100，单位为m）填入记录表（15）、（16）顺序栏中；
⑤ 前、后视距差填入记录表（17）顺序栏中；
⑥ 前、后视距累积差填入记录表（18）顺序栏中；
⑦ 检查各项计算值是否满足限差要求。

（4）依次设站同法施测其他各站。
（5）全路线施测完毕后计算：

① 路线总长（即各站前、后视距之和）；
② 各站前、后视距差之和（应与最后一站累积视距差相等）；
③ 各站后视读数之和、各站前视读数之和、各站高差中数之和（应为上两项之差的1/2）；
④ 路线闭合差（应符合限差要求）；
⑤ 各站高差改正数及各待定点的高程。

## 四、注意事项

（1）每站观测结束后应当即计算检核，若有超限则重测该测站。全路线施测计算完毕，各项检核均已符合，路线闭合差也在限差之内，即可收测。

（2）有关技术指标的限差规定见表2-1。

表2-1 四等水准测量的限差要求

| 等级 | 视线高度/m | 视距长度/m | 前后视距差/m | 前后视距累计差/m | 黑、红面分画读数差/mm | 黑、红面分画所测高差之差/mm | 路线闭合差/mm |
|---|---|---|---|---|---|---|---|
| 四 | >0.2 | ≤80 | ≤3.0 | ≤10.0 | 3.0 | 5.0 | $\pm 20\sqrt{L}$ |

注：表中 $L$ 为路线总长，以km为单位。

（3）四等水准测量作业需要很强的集体观念，全组人员一定要互相合作，密切配合，相互体谅。

（4）记录者要认真负责，当听到观测值所报读数后，要回报给观测者，经默许后，方可记入记录表中。如果发现有超限现象，立即告诉观测者进行重测。

（5）严禁为了快出成果，转抄、照抄、涂改原始数据。记录的字迹要工整、整齐、清洁。

（6）四等水准测量记录表内（ ）中的数，表示观测读数与计算的顺序：（1）~（8）为记录顺序，（9）~（18）为计算顺序。

（7）仪器前后尺视距一般不超过80 m。

（8）双面水准尺每两根为一组，其中一根尺常数 $K_1$ = 4.687 m，另一根尺常数 $K_2$ = 4.787 m，两尺的红面读数相差0.100 m（即4.687与4.787之差）。当第一测站前尺位置确定以后，两根尺要交替前进，即后变前、前变后，不能搞乱。在记录表中的方向及尺号栏内要写明尺号，在备注栏内写明相应尺号的 $K$ 值。起点高程可采用假定高程，即设 $H_0$ = 100.00 m。

（9）四等水准测量记录、计算比较复杂，要多想多练，步步校核，熟中取巧。

（10）四等水准测量在一个测站的观测顺序应为：后视黑面三丝读数，前视黑面三丝读数，前视红面中丝读数，后视红面中丝读数，称为"后—前—前—后"顺序。当沿土质坚实的路线进行测量时，也可以用"后—后—前—前"的观测顺序。

## 五、上交资料

（1）每组上交合格的观测记录成果一份。

（2）每人上交实习报告一份。

# 实训五　微倾式水准仪的检验与校正

## 一、实训目的

（1）认识微倾式水准仪的主要轴线及它们之间所具备的几何关系。
（2）掌握水准仪的检验方法。
（3）了解水准仪的校正方法。

## 二、仪器与工具

（1）由仪器室借领：$DS_3$型水准仪1台，水准尺2根，尺垫2个，木桩2个，斧子1把，校正针1根。
（2）自备：计算器、铅笔、小刀、草稿纸。

## 三、实训内容

（1）一般性检验。

安置仪器后，首先检验：三脚架是否牢固；制动与微动螺旋、微倾螺旋、对光螺旋、脚螺旋等是否有效；望远镜成像是否清晰等；同时了解水准仪各主要轴线及其相互关系。

（2）圆水准器轴平行于仪器竖轴的检验和校正。

① 检验：转动脚螺旋使圆水准器气泡居中，将仪器绕竖轴旋转180°后，若气泡仍居中，则说明圆水准器轴平行于仪器竖轴；否则需要校正。

② 校正：先稍松圆水准器底部中央的固紧螺丝，再拨动圆水准器的校正螺丝，使气泡返回偏离量的一半，然后转动脚螺旋使气泡居中。如此反复检校，直到圆水准器在任何位置时气泡都在刻画圈内为止。最后旋紧固紧螺旋。

（3）十字丝横丝垂直于仪器竖轴的检验与校正。

① 检验：以十字丝横丝一端瞄准约20 m处一细小目标点，转动水平微动螺旋，若横丝始终不离开目标点，则说明十字丝横丝垂直于仪器竖轴；否则需要校正。

② 校正：旋下十字丝分划板护罩，用小螺丝刀松开十字丝分划板的固定螺丝，微略转动十字丝分划板，使转动水平微动螺旋时横丝不离开目标点。如此反复检校，直至满足要求。最后将固定螺丝旋紧，并旋上护罩。

（4）水准管轴与视准轴平行关系的检验与校正。

① 检验：

a. 如图2-7所示，选择相距75～100 m稳定且通视良好的两点$A$、$B$，在$A$、$B$两点上各打一个木桩固定其点位。

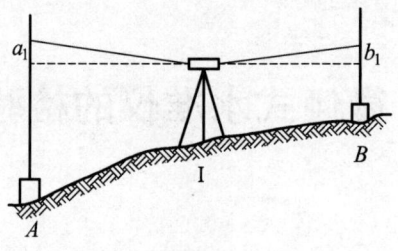

图 2-7

b. 水准仪置于距 $A$、$B$ 两点等远处的 I 位置，用变换仪器高度法测定 $A$、$B$ 两点间的高差（两次高差之差不超过 3 mm 时可取平均值作为正确高差 $h_{AB}$）。

$$h_{AB} = \frac{a_1' - b_1' + a_1'' - b_1''}{2}$$

c. 把水准仪置于距 $A$ 点 3~5 m 的 II 位置，如图 2-8 所示，精平仪器后读取近尺 $A$ 上的读数 $a_2$。

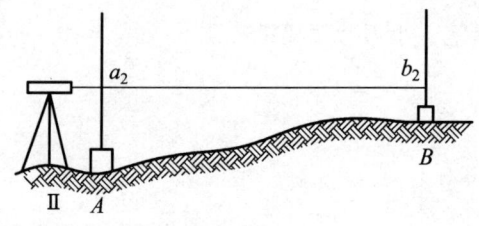

图 2-8

d. 计算远尺 $B$ 上的正确读数值 $b_2$：

$$b_2 = a_2 - h_{AB}$$

e. 照准远尺 $B$，旋转微倾螺旋，将水准仪视准轴对准 $B$ 尺上的 $b_2$ 读数。此时如果水准管气泡居中，即符合气泡影像符合，则说明视准轴与水准管轴平行；否则应进行校正。

② 校正：

a. 重新旋转水准仪微倾螺旋，使视准轴对准 $B$ 尺，读数 $b_2$。这时水准管符合气泡影像错开，即水准管气泡不居中。

b. 用校正针先松开水准管左右校正螺丝，再拨动上、下两个校正螺丝［先松上（下）边的螺丝，再紧下（上）边的螺丝］，直到使符合气泡影像符合为止。此项工作要重复进行几次，直到符合要求为止。

## 四、注意事项

（1）水准仪的检验和校正过程要认真细心，不能马虎。原始数据不得涂改。
（2）校正螺丝都比较精细，在拨动螺丝时要"慢、稳、均"。
（3）各项检验和校正的顺序不能颠倒，在检校过程中填写实习报告。
（4）各项检校都需要重复进行，直到符合要求为止。

（5）对 100 m 长的视距，一般要求检验远尺的读数与计算值之差在 3~5 mm。
（6）每项检校完毕都要拧紧各个校正螺丝，上好护盖，以防脱落。
（7）校正后，应再做一次检验，看其是否符合要求。
（8）本次实习要求学生在实习过中及时填写实习报告，只进行检验；如若校正，应在指导教师直接指导下进行。

## 五、上交资料

每小组上交水准仪的检验与校正实习报告一份。

# 实训六　电子水准仪的认识和使用

## 一、实训目的

（1）了解电子水准仪的构造和性能。
（2）熟悉电子水准仪的使用方法。

## 二、仪器与工具

每实训大组的仪器：电子水准仪1台，配套的水准尺2根，尺垫2个，记录板1块，自备铅笔1支。

## 三、实训内容

### 1. 电子水准仪的认识

电子水准仪又称数字水准仪；与电子水准仪配套的水准尺称为条纹编码尺，通常由玻璃纤维或铟钢制成。在仪器中装置有行阵传感器，它可识别水准标尺上的条码分划。仪器摄入条码图像后，经处理器转变为相应的数字，再通过信号转换盒数据化，在显示屏上显示出高程和视距，并能存储记录有关测量数据。

各厂家标尺编码的条码图案不完全相同，不能互换使用。如使用普通水准尺，电子水准仪可作光学水准仪使用，但精度变低。

各学校所拥有的电子水准仪数量一般不多，且型号也会不同。

各种型号的电子水准仪的外形、体积、重量、性能均有所不同。尽管如此，它们都是由电源、望远镜、光电传感器、操作键、显示屏等部件所组成。

### 2. 电子水准仪的使用

电子水准仪的操作必须在指导老师演示后进行。

在实训场地上选择两点$A$、$B$，放上尺垫，在尺垫上立尺，在两点之间安置电子水准仪，整平圆气泡，接通电源，设置有关测量模式。

瞄准$A$尺，调焦，按相应键显示$A$尺读数$a$；用同样的方法前视$B$尺，得读数$b$，则可算得$A$、$B$两点间高差。

实训时，对$A$、$B$两点高差观测2次。

## 四、注意事项

（1）标尺尽量不要被障碍物遮挡。

（2）在足够亮度的地方架设标尺；若用照明，应照明整个标尺。
（3）测量工作完成后注意要关闭电源。

## 五、上交资料

（1）每人上交实训报告一份。
（2）每实训小组上交水准测量记录表。

# 实训七　DJ₆型光学经纬仪的认识与技术操作

## 一、实训目的

（1）认识 DJ₆ 型经纬仪的一般构造。
（2）熟悉 DJ₆ 型经纬仪的操作方法。

## 二、仪器与工具

（1）由仪器室借领：DJ₆ 型经纬仪 1 台，记录板 1 块，测伞 1 把。
（2）自备：铅笔、草稿纸。

## 三、实训内容

（1）由指导教师讲解经纬仪的构造及操作方法。
（2）熟悉经纬仪各螺旋的功能，见图 2-9。

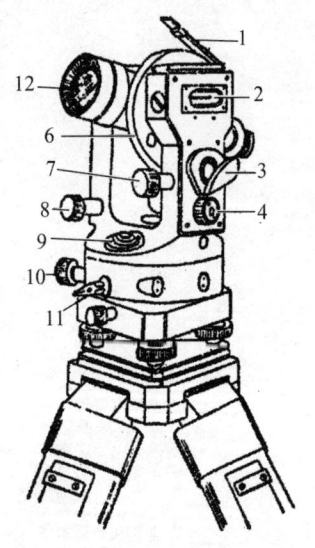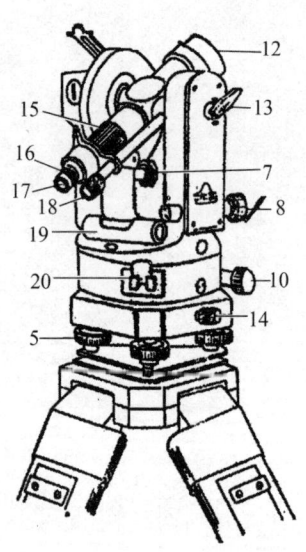

图 2-9

1—指标水准管反光镜；2—指标水准管；3—度盘反光镜；4—测微轮；5—脚螺旋；6—竖盘；
7—指标水准管微动螺旋；8—望远镜微动螺旋；9—圆水准器；10—水平微动螺旋；
11—水平制动螺旋；12—物镜；13—望远镜制动螺旋；14—轴座固定螺旋；
15—物镜对光螺旋；16—目镜对光螺旋；17—目镜；18—读数显微镜；
19—水准管；20—度盘离合器

（3）练习安置经纬仪。经纬仪的安置包括对中和整平两项内容。
① 对中：把经纬仪水平度盘的中心安置在所测角的顶点铅垂线上。方法是：先将三脚

架安置在测站点上,架头大致水平,用垂球大略对中后,踏牢三脚架,然后用连接螺旋将仪器固定在三脚架上。此时,若偏离测站点较大,则须将三脚架作平行移动;若偏离较小,可将连接螺旋放松,在三脚架头上移动仪器基座使垂球尖准确地对准测站点,然后再旋紧连接螺旋。

如果使用带有光学对点器的仪器,对中时可通过光学对点器进行对中。采用光学对点器对中的做法是:将仪器置于测站点上,使架头大致水平,三个脚螺旋的高度适中,光学对点器大致在测站点铅垂线上。转动对点器目镜看清分划板中心圈(十字丝),再拉动或旋转目镜,使测站点影像清晰。若中心圈(十字丝)与测站点相距较远,则应平移脚架,而后旋转脚螺旋,使测站点与中心圈(十字丝)重合。伸缩架腿,粗略整平圆水准器,再用脚螺旋使圆水准气泡居中。这时可移动基座精确对中,最后拧紧连接螺旋。

② 整平:使水平度盘处于水平位置,仪器竖轴铅直。整平的方法如下:

a. 使照准部水准管与任意两个脚螺旋连线平行,如图 2-10(a)所示,两手以相反方向同时旋转①、②两脚螺旋,使水准管气泡居中。

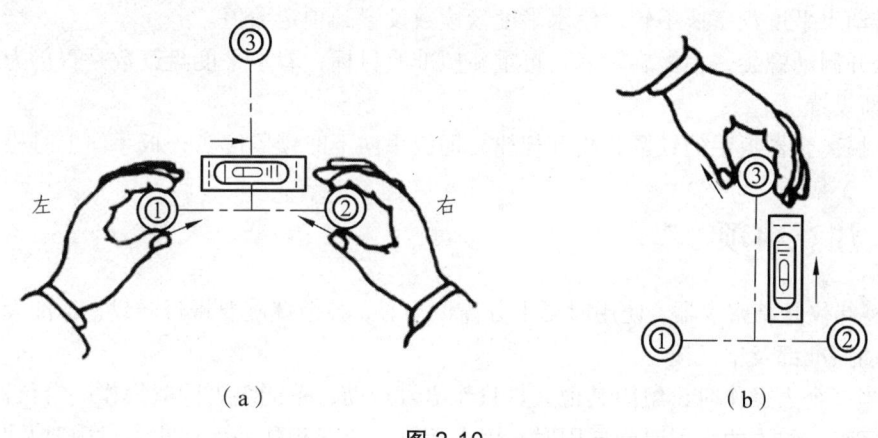

图 2-10

b. 将照准部平转 90°(有些仪器上装有两个水准管,则可以不转),如图 2-10(b)所示,再用另一个脚螺旋③使水准管气泡居中。

c. 以上操作反复进行,直到仪器在任何位置气泡都居中为止。

(4)用望远镜瞄准远处目标。

① 安置好仪器后,松开照准部和望远镜的制动螺旋,用粗瞄器初步瞄准目标,然后拧紧这两个制动螺旋。

② 调节目镜对光螺旋,看清十字丝,再转动物镜对光螺旋,使望远镜内目标清晰;旋转水平微动和垂直微动螺旋,用十字丝精确照准目标,并消除视差。

(5)练习水平度盘读数。图 2-11 为读数显微镜的视场,视场内有 2 个读数窗,标有"H"字样的读数窗内是水平度盘分划线及其分微尺的像,标有"V"字样的读数窗是垂直度盘的分划线及其分微尺的像。有些仪器也用"水平"表示水平度盘读数窗,用"竖直"表示竖直度盘读数窗。读数方法为:先读取位于分微尺 0~60 条分划之间的度盘分划线的"度"数,再从分微尺上读取该度盘分划线对应的"分"数,估读至 0.1′。图 2-11 中水平度盘读数为 214°54′42″,竖直度盘读数为 79°05′30″。

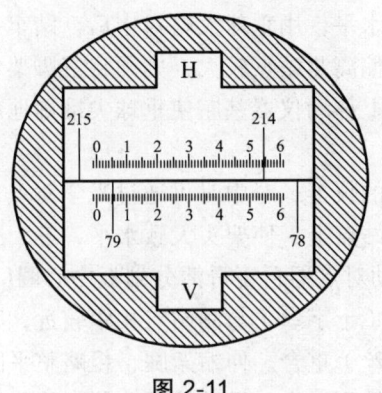

图 2-11

（6）练习用水平度盘变换手轮设置水平度盘读数。

① 用望远镜照准选定目标。

② 拧紧水平制动螺旋，用微动螺旋准确瞄准目标。

③ 转动水平度盘变换手轮，使水平度盘读数设置到预定数值。

④ 松开制动螺旋，稍微旋转后，再重新照准原目标，看水平度盘读数是否仍为原读数；否则需重新设置。

⑤ 掌握离合器扳手的锁紧、松开规律，即扳手向下时锁紧度盘，扳手向上时松开度盘。

## 四、注意事项

（1）经纬仪是精密仪器，使用时要十分谨慎小心，各个螺旋要慢慢转动。不准大幅度地、快速地转动照准部及望远镜。

（2）当一个人操作时，组内其他人员只作语言帮助，不能多人同时操作一台仪器。

（3）每组中每人的练习时间要因时、因人而异，要互相帮助。在实习过中要及时填写实习报告。

（4）练习水平度盘读数时要注意估读的准确性。

（5）用度盘变换钮设置水平度盘读数时，不能用微动螺旋设置分、秒数值。如果这样做，将使目标偏离十字丝交点。

## 五、上交资料

每人上交 $DJ_6$ 型光学经纬仪的认识与使用实习报告一份。

# 实训八  DJ₂型光学经纬仪的认识与技术操作

## 一、实训目的

（1）认识 DJ₂ 型经纬仪的构造及各部件的功能。
（2）区分 DJ₂ 型和 DJ₆ 型经纬仪的异同点。
（3）熟悉 DJ₂ 型经纬仪的安置方法及读数方法。

## 二、仪器与工具

（1）由仪器室借领：DJ₂ 型经纬仪 1 台，记录板 1 块，测伞 1 把，花杆 2 根。
（2）自备：铅笔、小刀、草稿纸。

## 三、实训方法

### 1. DJ₂ 型经纬仪的认识

（1）熟悉 DJ₂ 型经纬仪各部件的名称及作用。
（2）了解下列各个装置的功能和用途，见图 2-12。

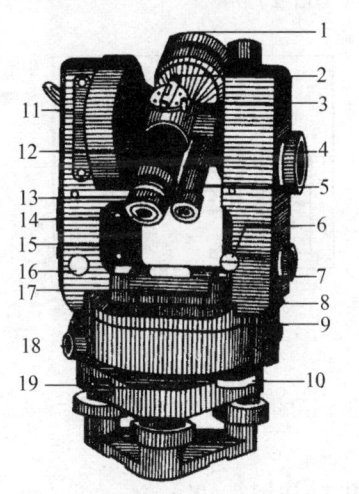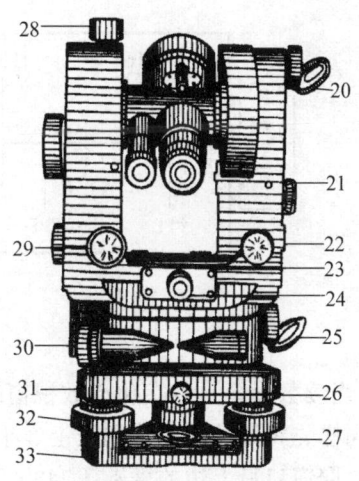

图 2-12

1—望远镜物镜；2—光学瞄准器；3—十字丝照明反光板螺旋；4—测微轮；5—读数显微镜管；6—垂直微动螺旋弹簧套；7—度盘影像变换螺旋；8—照准部水准器校正螺丝；9—水平度盘物镜组盖板；10—水平度盘变换螺旋护盖；11—垂直度盘转像透镜组盖板；12—望远镜调焦环；13—读数显微镜目镜；14—望远镜目镜；15—垂直度盘物镜组盖板；16—垂直度盘指标水准器护盖；17—照准部水准器；18—水平制动螺旋；19—水平度盘变换螺旋；20—垂直度盘照明反光镜；21—垂直度盘指标水准器观察棱镜；22—垂直度盘指标水准器微动螺旋；23—水平度盘转像透镜组盖板；24—光学对点器；25—水平度盘照明反光镜；26—照准部与基座的连接螺旋；27—固紧螺母；28—垂直制动螺旋；29—垂直微动螺旋；30—水平微动螺旋；31—三角基座；32—脚螺旋；33—三角底板

① 制动螺旋：水平制动和竖直制动——分别固定照准部和望远镜。
② 微动螺旋：水平微动和竖直微动——用于精确瞄准目标。
③ 水准管：照准部水准管——用于显示水平度盘是否水平；竖盘指标水准管——用于显示竖盘指标线是否指向正确的位置。
④ 水平度盘变换装置：DJ$_2$型经纬仪通过该装置，可设置起始方向的水平度盘读数。
⑤ 换像手轮：DJ$_2$型经纬仪通过该装置，可设置读数窗处于水平或竖直度盘的影像。

2. DJ$_2$型经纬仪的安置。

DJ$_2$型经纬仪的安置方法与DJ$_6$型光学经纬仪相同。

3. 照准目标

DJ$_2$型经纬仪的照准方法与DJ$_6$型光学经纬仪相同。

4. 读数练习

（1）当读数设备是对径分划读数视窗时，如图2-13（a）所示：
① 将换像手轮置于水平位置，打开反光镜，使读数窗明亮。
② 转动测微轮使读数窗内上、下分划线对齐。
③ 读出位于左侧或靠中的正像度刻线的度读数（163°）。
④ 读出与正像度刻线相差180°位于右侧或靠中的倒像度刻线之间的格数$n$，即$n×10'$的分读数（$2×10' = 20'$）。
⑤ 读出测微尺指标线截取小于10'的分、秒读数（7'34"）。
⑥ 将上述度、分、秒相加，即得整个度盘读数（163°27'34"）。

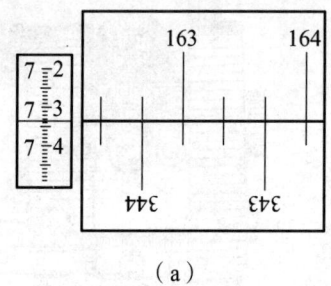

图 2-13

（2）当读数设备是数字化读数视窗时，如图2-13（b）所示：
① 同样先将读数窗内分划线上、下对齐。
② 读取窗口最上边的度数（74°）和中部窗口10'的注记（40'）。
③ 读取测微器上小于10'的数值（7'16"）。
④ 将上述的度、分，秒相加，即水平度盘读数为（74°47'16"）。

5. 归　零

（1）用测微轮将小于10'的测微器上的读数对着0'00"。
（2）打开水平度盘变换手轮的保护盖，用手拨动该手轮，将度和整分调至0°00'，并保证分划线上、下对齐。

## 四、注意事项

（1）$DJ_2$ 型经纬仪属精密仪器，应避免日晒和雨淋，操作要做到轻、慢、稳。在实习过中要及时填写实习报告。

（2）在对中过程中调节圆水准气泡居中时，切勿用脚螺旋调节，而应用脚架调节，以免破坏对中。

（3）整平好仪器后，应检查对中点是否偏移超限。

## 五、上交资料

每人上交 $DJ_2$ 型光学经纬仪的认识与使用实习报告一份。

# 实训九　测回法观测水平角

## 一、实训目的

（1）进一步熟悉经纬仪的构造和操作方法。
（2）学会用测回法观测水平角。

## 二、仪器与工具

（1）由仪器室借领：经纬仪1台，记录板1块，测伞1把。
（2）自备：计算器、铅笔、草稿纸。

## 三、实习内容

（1）在一个指定的点上安置经纬仪。
（2）选择两个明显的固定点作为观测目标或用花杆标定两个目标。
（3）用测回法测定其水平角值。其观测程序如下：
① 安置好仪器以后，以盘左位置照准左方目标，并读取水平度盘读数。记录者听到读数后，立即回报观测者，经观测者默许后，立即记入测角记录表中。
② 顺时针旋转照准部照准右方目标，读取其水平度盘读数，并记入测角记录表中。
③ 由①、②两步完成了上半测回的观测，记录者在记录表中要计算出上半测回角值。
④ 将经纬仪置盘右位置，先照准右方目标，读取水平度盘读数，并记入测角记录表中。其读数与盘左时的同一目标读数大约相差180°。
⑤ 逆时针转动照准部，再照准左方目标，读取水平度盘读数，并记入测角记录表中。
⑥ 由④、⑤两步完成了下半测回的观测，记录者再算出其下半测回角值。
⑦ 至此便完成了一个测回的观测。如上半测回角值和下半测回角值之差没有超限（不超过±40″），则取其平均值作为一测回的角度观测值，也就是这两个方向之间的水平角。
（4）如果观测不止一个测回，而是要观测$n$个测回，那么每测回均要重新设置水平度盘起始读数。即对左方目标每测回在盘左观测时，水平度盘应设置为$180°/n$的整倍数来观测。

## 四、注意事项

（1）在记录前，先要弄清记录表格的填写次序和填写方法。
（2）在每一测回的观测期间，如发现水准管气泡偏离，不能重新整平。本测回观测完毕，下一测回开始前再重新整平仪器。
（3）在照准目标时，要用十字丝竖丝照准目标的明显地方，最好看目标下部，上半测回照准什么部位，下半测回仍照准这个部位。

（4）长条形较大目标需要用十字丝双丝来照准，点目标用单丝平分。

（5）在选择目标时，最好选取不同高度的目标进行观测。

## 五、上交资料

（1）每人上交合格的观测记录成果一份。

（2）每人上交实习报告一份。

# 实训十　竖直角观测

## 一、实训目的

（1）学会竖直角的测量方法。
（2）学会竖直角及竖盘指标差的记录、计算。

## 二、仪器与工具

（1）由仪器室借领：$DJ_6$型经纬仪1台，记录板1块，测伞1把。
（2）自备：计算器、铅笔、小刀、草稿纸。

## 三、实训内容

（1）在某指定点上安置经纬仪。
（2）以盘左位置使望远镜视线大致水平。竖盘指标所指读数约为90°。
（3）将望远镜物镜端抬高，即当视准轴逐渐向上倾斜时，观察竖盘读数$L$相对90°是增加还是减少，借以确定竖直角和指标差的计算公式。
① 当望远镜物镜抬高时，如竖盘读数$L$相对90°逐渐减少，则竖直角计算公式为

$$\begin{cases} \alpha_{左} = 90° - L \\ \alpha_{右} = R - 270° \end{cases}$$

竖直角　$\alpha = \dfrac{1}{2}(\alpha_{左} + \alpha_{右}) = \dfrac{1}{2}(R - L - 180°)$

竖盘指标差　$X = \dfrac{1}{2}(\alpha_{左} - \alpha_{右}) = -\dfrac{1}{2}(L + R - 360°)$

② 当望远镜物镜抬高时，如竖盘读数$L$相对90°逐渐增大，则竖直角计算公式为

$$\begin{cases} \alpha_{左} = L_{读} - 90° \\ \alpha_{右} = 270° - R \end{cases}$$

竖直角　$\alpha = \dfrac{1}{2}(\alpha_{左} + \alpha_{右}) = \dfrac{1}{2}(L - R - 180°)$

竖盘指标差　$X = \dfrac{1}{2}(\alpha_{左} - \alpha_{右}) = \dfrac{1}{2}(L + R - 360°)$

（4）用测回法测定竖直角，其观测程序如下：
① 安置好经纬仪后，盘左位置照准目标，转动竖盘指标水准管微动螺旋，使水准管气泡居中（符合气泡影像符合）后，读取竖直度盘的读数$L$。记录者将读数值$L$记入竖直角测量记录表中。

② 根据竖直角计算公式，在记录表中计算出盘左时的竖直角 $α_左$。

③ 用盘右位置照准目标，转动竖盘指标水准管微动螺旋，使水准管气泡居中（符合气泡影像符合）后，读取其竖直度盘读数 $R$。记录者将读数值 $R$ 记入竖直角测量记录表中。

④ 根据竖直角计算公式，在记录表中计算出盘右时的竖直角 $α_右$。

⑤ 计算一测回竖直角值和指标差。

## 四、注意事项

（1）直接读取的竖盘读数并非竖直角，竖直角通过计算才能获得。

（2）竖盘因其刻划注记和始读数的不同，计算竖直角的方法也就不同，要通过检测来确定正确的竖直角和指标差计算公式。

（3）盘左盘右照准目标时，要用十字丝横丝照准目标的同一位置。

（4）在竖盘读数前，务必要使竖盘指标水准管气泡居中。

## 五、上交资料

（1）每人上交合格的观测记录成果一份。

（2）每人上交实习报告一份。

# 实训十一　光学经纬仪的检验与校正

## 一、实训目的

（1）认识光学经纬仪的主要轴线及它们之间所具备的几何关系。
（2）掌握光学经纬仪的检验方法。
（3）了解 $DJ_6$ 型光学经纬仪的校正方法。

## 二、仪器与工具

（1）由仪器室借领：$DJ_6$ 型经纬仪 1 台，记录板 1 块，测伞 1 把，校正针 1 根。
（2）自备：计算器、铅笔、小刀、草稿纸。

## 三、实训内容

（1）指导教师讲解各项检校的过程及操作要领。
（2）照准部水准管轴垂直于仪器竖轴的检验与校正。
① 检验方法：
a. 将经纬仪严格整平。
b. 转动照准部，使水准管与三个脚螺旋中的任意一对平行，转动脚螺旋使气泡严格居中。
c. 将照准部旋转 180°，此时如果气泡仍居中，说明该条件能够满足；若气泡偏离中央零点位置，则需进行校正。
② 校正方法：
a. 旋转这一对脚螺旋，使气泡向中央零点位置移动偏离格数的一半。
b. 用校正针拨动水准管一端的校正螺丝，使气泡居中。
c. 将仪器严格整平后进行检验，如需校正，仍用 a.、b. 所述方法进行校正。
d. 反复进行数次，直到气泡居中后再转动照准部，气泡偏离在半格以内，可不再校正。
（3）十字丝竖丝的检验与校正。
① 检验方法。
整平仪器后，用十字丝竖丝的最上端照准一明显固定点，固定照准部制动螺旋和望远镜制动螺旋，然后转动望远镜微动螺旋，使望远镜上下微动。如果该固定点目标不离开竖丝，说明此条件满足；否则需要校正。
② 校正方法。
a. 旋下望远镜目镜端十字丝环护罩，用螺丝刀松开十字丝环的每个固定螺丝。
b. 轻轻转动十字丝环，使竖丝处于竖直位置。
c. 调整完毕后务必拧紧十字丝环的四个固定螺丝，上好十字丝环护罩。

（4）视准轴的检验与校正。

① 检验方法：

a. 选与视准轴大致处于同一水平线上的一点作为照准目标，安置好仪器后，盘左位置照准此目标并读取水平度盘读数，记作 $\alpha_{左}$。

b. 以盘右位置照准此目标，读取水平度盘读数，记作 $\alpha_{右}$。

c. 如 $\alpha_{左} = \alpha_{右} \pm 180°$，则此项条件满足。如果 $\alpha_{左} \neq \alpha_{右} \pm 180°$，则说明视准轴与仪器横轴不垂直，存在视准差 $c$，即 $2c$ 误差，应进行校正。$2c$ 误差的计算公式如下：

$$2c = \alpha_{左} - (\alpha_{右} - 180°)$$

② 校正方法：

a. 仪器仍处于盘右位置不动，以盘右位置读数为准，计算两次读数的平均值 $\alpha$，作为正确读数，即

$$\alpha = \frac{\alpha_{左} + (\alpha_{右} \pm 180°)}{2}$$

b. 转动照准部微动螺旋，使水平度盘指标在正确读数 $\alpha_{上}$，这时，十字丝交点偏离了原目标。

c. 旋下望远镜目镜端的十字丝护罩，松开十字丝环上、下校正螺丝，拨动十字丝环左右两个校正螺丝［先松左（右）边的校正螺丝，再紧右（左）边的校正螺丝］，使十字丝交点回到原目标，即使视准轴与仪器横轴相垂直。

d. 调整完后务必拧紧十字丝环上、下两校正螺丝，上好望远镜目镜护罩。

（5）横轴的检验与校正。

① 检验方法：

a. 将仪器安置在一个清晰的高目标附近（望远镜仰角为 30°左右），视准面与墙面大致垂直，盘左位置照准目标 $M$，拧紧水平制动螺旋后，将望远镜放到水平位置，在墙上（或横放的尺子上）标出 $m_1$ 点。

b. 盘右位置仍照准高目标 $M$，放平望远镜，在墙上（或横放的尺子上）标出 $m_2$ 点。若 $m_1$ 与 $m_2$ 两点重合，说明望远镜横轴垂直仪器竖轴；否则需校正。

② 校正方法：

a. 由于盘左和盘右两个位置的投影各向不同方向倾斜，而且倾斜的角度是相等的，取 $m_1$ 与 $m_2$ 的中点 $m$，即是高目标点 $M$ 的正确投影位置。得到 $m$ 点后，用微动螺旋使望远镜照准 $m$ 点，再仰起望远镜看高目标点 $M$，此时十字丝交点将偏离 $M$ 点。

b. 此项校正一般应送仪器组专修后进行。

（6）竖盘指标水准管的检验与校正。

① 检验方法：

a. 安置好仪器后，盘左位置照准某一高处目标（仰角大于 30°），用竖盘指标水准管微动螺旋使水准管气泡居中，读取竖直度盘读数，并根据实习所述的方法，求出其竖直角 $\alpha_{左}$。

b. 以盘右位置照准此目标，用同样方法求出其竖直角 $\alpha_{右}$。

c. 若 $\alpha_{左} \neq \alpha_{右}$，说明有指标差，应进行校正。

② 校正方法：

a. 计算出正确的竖直角 $\alpha$：

$$\alpha = \frac{1}{2}(\alpha_{左} + \alpha_{右})$$

b. 仪器仍处于盘右位置不动，不改变望远镜所照准的目标，再根据正确的竖直角和竖直度盘刻画特点求出盘右时竖直度盘的正确读数值，并用竖直指标水准管微动螺旋使竖直度盘指标对准正确读数值，这时竖盘指标水准管气泡不再居中。

c. 用拨针拨动竖盘指标水准管上、下校正螺丝，使气泡居中，即消除了指标差，达到了检校的目的。

（7）光学对点器的检验与校正。

目的：使光学对点器的视准轴经棱镜折射后与仪器与竖轴重合。

① 检验方法：

a. 对点器安装在基座上的仪器：将仪器水平放置在桌面上并固定仪器（仪器基座距墙约 1.3 m），通过对点器标注墙上目标 $a$，转动基座 180°，再看十字丝是否与 $a$ 重合。若重合，条件满足；否则需要校正。

b. 对点器安装在照准部上的仪器：安置经纬仪于脚架上，移动放置在脚架中央地面上标有 $a$ 点的白纸，使十字丝中心与 $a$ 点重合。转动仪器 180°，再看十字丝中心是否与地面上的 $a$ 目标重合。若重合，条件满足；否则需要校正。

② 校正方法：

仪器类型不同，校正的部位不同，但总的来说有两种校正方式：

a. 校正转向直角棱镜：

该棱镜在左右支架间用护盖盖着，校正时用校正螺丝调节偏离量的一半即可。

b. 校正光学对点器目镜十字丝分划板：

调节分划板校正螺丝，使十字丝退回偏离值的一半，即可达到校正的目的。

## 四、注意事项

（1）经纬仪检校是很精细的工作，必须认真对待。

（2）在实习过程中及时填写实习报告，发现问题及时向指导教师汇报，不得自行处理。

（3）各项检校顺序不能颠倒，检校过程中填写实习报告。

（4）检校完毕，要将各个校正螺丝拧紧，以防脱落。

（5）每项检校都需重复进行，直到符合要求。

（6）校正后应再做一次检验，看其是否符合要求。

（7）本次实习只做检验，校正应在指导教师指导下进行。

## 五、上交资料

每人上交光学经纬仪的检验与校正实习报告一份。

# 实训十二　全站仪的基本操作与使用

## 一、实训目的

（1）了解拓普康（TOPCON）GPT—3000N 全站仪的基本构造、主要部件的名称和作用。

（2）掌握拓普康（TOPCON）GPT—3000N 全站仪的基本操作方法，熟悉键盘功能。

（3）练习和掌握全站仪测量角度、距离、高差的方法。

## 二、仪器与工具

（1）由仪器室借领：全站仪 1 台，棱镜 2 块，对中杆 1 个，木桩 4 个，斧子 1 把，记录板 1 块。

（2）自备：计算器、铅笔、小刀、计算用纸。

## 三、实训内容

1. 了解仪器构造

仪器构造见图 2-14 以及表 2-2、2-3、2-4。

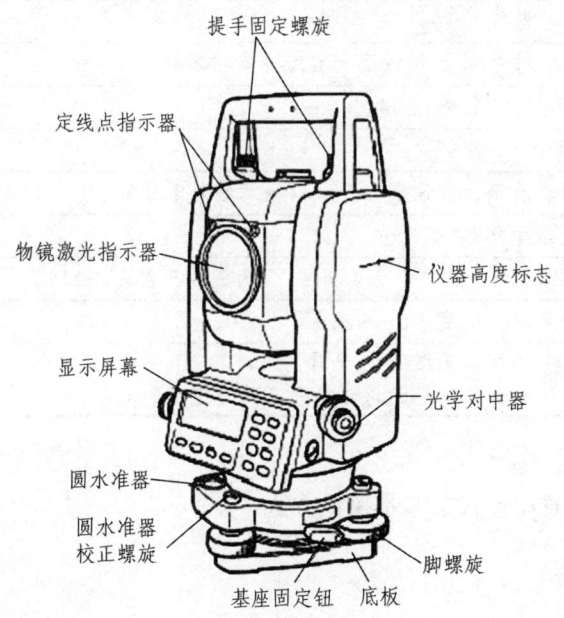

图 2-14　全站仪的结构

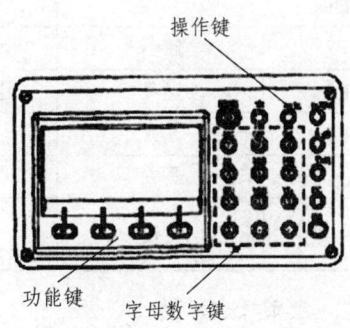

图 2-15　操作面板

表 2-2

| 键 | 名 称 | 功 能 |
|---|---|---|
| ★ | 星键 | 星键模式用于如下项目的设置或显示：<br>① 显示屏幕对比度；② 十字丝照明；③ 背景光；④ 倾斜改正；<br>⑤ 定线点指示器；⑥ 设置音响效果 |
| ⇗ | 坐标测量键 | 坐标测量模式 |
| ◢ | 距离测量键 | 距离测量模式 |
| ANG | 角度测量键 | 角度测量模式 |
| POWER | 电源键 | 电源开关 |
| MENU | 菜单键 | 在菜单模式和正常测量模式之间切换，在菜单模式下可设置应用测量与照明调节，仪器系统误差纠正 |
| ESC | 退出键 | ① 返回测量模式或上一层模式；<br>② 从正常测量模式直接进入数据采集模式或放样模式；<br>③ 也可用作正常测量模式下的记录键。<br>设置退出键功能需要按住［F2］键开机，在模式设置中更改 |
| ENT | 确认键 | 在输入值之后按此键 |
| F1---F4 | 软键（功能键） | 对应于显示的软键功能信息 |

星键模式：按下（★）键可以看到下列仪器选项，并进行设置。

| 键 | 显示符号 | 功 能 |
|---|---|---|
| F1 | 照明 | 显示屏背景光开/关 |
| F2 | NP/P | 无棱镜/棱镜模式切换 |
| F3 | 激光 | 激光指示器打开/闪烁/关闭 |
| F4 | 对中 | 激光对中器开/关（仅适用于有激光对中器的类型） |
| 再按一次（★）键 ||| 
| F1 | — | — |
| F2 | 倾斜 | 设置倾斜改正，若设置为开，则显示倾斜改正值 |
| F3 | 定线 | 定线点指示器开/关 |
| F4 | S/A | 显示 EDM 回光信号强度（信号）、大气改正值（PPM） |
| ▲▼ | 黑白 | 调节显示屏对比度（0~9级） |
| ◀▶ | 亮度 | 调节十字丝照明亮度（1~9级）<br>十字丝照明开关和显示屏背景光开关是连通的 |

2. 全站仪安置

每小组在实习场地的指定测站上安置全站仪，基本操作方法：

（1）对中整平。

（2）开机。

打开电源,松开竖直度盘制动螺旋,将望远镜纵转一周,使竖直角过零,屏幕上显示出竖直度盘读数。

## 3. 角度测量模式及角度测量

全站仪开机后自动进入角度测量模式,若在其他测量模式时,按 ANG 键进入角度测量模式。角度测量模式有 3 页菜单,按 F4 键循环显示(见表 2-3)。

表 2-3 角度测量模式各键和显示字符的功能表

| 屏幕显示页数 | 软键 | 显示符号 | 功 能 |
|---|---|---|---|
| 1 | F1 | 置零 | 水平角置为 0°00′00″ |
| 1 | F2 | 锁定 | 水平角读数锁定 |
| 1 | F3 | 置盘 | 通过键盘输入数字设置水平角 |
| 1 | F4 | P1↓ | 显示第 2 页软键功能 |
| 2 | F1 | 倾斜 | 设置倾斜改正开或关,若选择开,即显示倾斜改正值 |
| 2 | F2 | 复测 | 角度重复测量模式 |
| 2 | F3 | V% | 垂直角百分比坡度(%)显示 |
| 2 | F4 | P2↓ | 显示第 3 页软键功能 |
| 3 | F1 | H-蜂鸣 | 仪器每转动水平角 90°是要发出蜂鸣声的设置 |
| 3 | F2 | R/L | 水平角右/左计数方向的转换 |
| 3 | F3 | 竖盘 | 垂直角显示格式(高度角/天顶距)的切换 |
| 3 | F4 | P3↓ | 显示下一页(第 1 页)软键功能 |

按实验要求,分别瞄准待测目标,读取水平度盘读数和竖直度盘读数,获取水平角和竖直角,记录在表格相应栏内。

## 4. 距离测量模式及距离测量

仪器照准棱镜时,按距离键进入距离测量模式并开始自动测距。距离测量模式有两页菜单,按 F4 循环显示,具体见表 2-4。

盘左:按测距键,进入距离测量模式,瞄准目标棱镜中心,按 F1 启动距离测量,即可显示仪器中心至棱镜之间的斜距(SD)、水平距离(HD)和高差(VD)等数值。盘右:重复上述操作即可。若需要测量两点间高差,需要量取仪器高(用钢卷尺丈量)和读取棱镜高(对中杆上直接读数)。在表格相应栏内做好记录。

表 2-4 距离测量模式各键和显示字符的功能表

| 屏幕显示页数 | 软键 | 显示符号 | 功 能 |
|---|---|---|---|
| 1 | F1 | 测量 | 启动测量 |
| 1 | F2 | 模式 | 设置测距模式精测/粗侧/跟踪 |
| 1 | F3 | NP/P | 无/有棱镜模式切换 |
| 1 | F4 | P1↓ | 显示第 2 页软键功能 |
| 2 | F1 | 偏心 | 偏心测量模式 |
| 2 | F2 | 放样 | 放样测量模式 |
| 2 | F3 | S/A | 设置音响模式 |
| 2 | F4 | P2↓ | 显示第 3 页软键功能 |
| 3 | F2 | m/f/i | 米、英尺或英尺、英寸单位的变换 |
| 3 | F4 | P3↓ | 显示第 1 页软键功能 |

5. 练习星键模式

按星键进入星键模式，可对以下项目进行设置：

（1）对比度调节。通过按▲或▼键，可以调节液晶显示屏的对比度。

（2）照明。通过 F1 选择"照明"，按 F1 或 F2 选择开关背景光。

（3）倾斜。通过 F2 选择"倾斜"，按 F1 或 F2 选择开关倾斜改正。

（4）S/A。通过 F4 选择"S/A"，对棱镜常数和温度气压进行设置。

## 四、注意事项

（1）全站仪在使用过程中，禁止将望远镜照准太阳强光，以防损坏仪器。

（2）在使用全站仪前，应仔细检查仪器的各项参数的设置，防止测量结果出现错误。

## 五、上交资料

每组上交利用全站仪进行水平角及距离测量记录表格一份（每人测量水平角二测回和距离二测回）。

# 实训十三  全站仪三维坐标测量

## 一、实训目的

（1）了解导线测量工作内容和方法，进一步提高测量技术水平。
（2）掌握全站仪坐标测量原理和方法。

## 二、仪器与工具

（1）由仪器室借领：全站仪 1 台，棱镜 2 块，带三脚架的对中杆 2 个，木桩 4 个，斧子 1 把，记录板 1 块。
（2）自备：计算器、铅笔、小刀、计算用纸。

## 三、实训内容

全站仪坐标测量的一般操作程序如下：
（1）设定测站点的三维坐标。
（2）输入后视点的坐标或后视方位角。当给定后视点的坐标时，全站仪会自动计算后视方向的方位角，并设定后视方向的水平度盘读数为其方位角。
（3）设置棱镜常数。
（4）设置大气改正值或气温、气压值。
（5）量仪器高、棱镜高并输入全站仪。
（6）照准目标棱镜，按坐标测量键，全站仪开始测距并显示测点的三维坐标。

## 四、注意事项

（1）边长较短时，应特别注意严格对中。
（2）瞄准目标一定要精确。
（3）注意目标高和仪器高的量取和输入。

## 五、上交资料

每人上交一份含有合格观测记录的实验报告。

# 实训十四 三角高程测量

## 一、实训目的

（1）掌握三角高程测量的观测方法。
（2）掌握三角高程测量的计算方法。

## 二、仪器与工具

每小组的领取的工具为：$DJ_6$ 型光学经纬仪或 $DJ_2$ 型光学经纬仪 1 台，标杆 1 根，标杆架 1 个，钢卷尺 1 把。

## 三、实训内容

在实验场地上选择 $A$、$B$ 两点（相距约 60 m），如已知 $A$ 点高程（本实验假定 $A$ 点高程为 $H_A = 20$ m），则可用三角高程测量方法测出 $B$ 点高程。

1. 距离丈量

用钢尺量距的一般方法测出 $A$、$B$ 两点间的水平距离 $D_{AB}$。
如在已知距离的两点上进行三角高程测量，则不需进行距离测量工作。

2. 三用高程测量的观测

（1）往测。
在 $A$ 点安置经纬仪，对中、整平。
用钢卷尺量取仪器高度 $i_1$。
在 $B$ 点竖立标杆，量取标杆高度 $l$。
用经纬仪瞄准标杆顶部，测出竖直角 $AB$。
（2）返测。
在 $B$ 点安置经纬仪，$A$ 点竖立标杆，用与往测相同的方法进行观测。

3. 记录

将观测数据记录在三角高程测量记录及计算表中。

4. 计算

往测高差：$h_{AB} = D_{AB} \tan \alpha_{AB} + i_1 - l_1$
返测高差：$h_{BA} = D_{AB} \tan \alpha_{BA} + i_2 - l_2$
如往返测高差之差在容许范围之内，则取平均值；否则需重测。

## 四、注意事项

（1）竖直角观测时应以中丝横切于目标顶部。
（2）对于有竖盘指标水准管的经纬仪，每次竖盘读数前必须使水准管气泡居中。
（3）安置好仪器后应及时量取仪高，以免在测好后忘记量取仪高而移动仪器。
（4）当 $D<400$ m 时，可不进行两差改正。

## 五、实训报告

（1）每人上交实训报告一份。
（2）每组上交三角高程测量记录及计算表。

# 实训十五  全站仪导线测量

## 一、实训目的

（1）掌握全站仪导线的外业布设、施测。
（2）掌握导线的内业计算方法。

## 二、仪器与工具

（1）由仪器室借领：全站仪1台，棱镜2块，带三脚架的对中杆2个，木桩4个，斧子1把，记录板1块。
（2）自备：计算器、铅笔、小刀、计算用纸。

## 三、实训内容

（1）在测区内选定由3~4个导线点组成的闭合导线。在各导线点打下木桩，钉上小钉或用油漆标定点位。绘出导线略图。
（2）用全站仪观测各边水平距离。
（3）采用测回法观测导线各转折角（内角），每站观测一测回，上、下半测回较差应小于40″，取平均值使用。
（4）计算：角度闭合差 $f_\beta = \sum \beta - (n-2) \times 180°$，$n$ 为测角数；导线全长相对闭合差。外业成果合格后，内业计算各导线点坐标。

## 四、注意事项

（1）导线点间应互相通视，边长以60~80 m为宜。若边长较短，测角时应特别注意提高对中和瞄准的精度。
（2）如无起始边方位角时，可按实地大致方位假定一个数值。超始点坐标也可假定。
（3）限差要求：同一边往、返测相对误差应小于1/2 000。导线角度闭合差的限差为 $\pm 40″\sqrt{n}$，$n$ 为测角数；导线全长相对闭合差的限差为1/2 000。超限应重测。

## 五、上交资料

实习结束时每组上交"导线测量观测记录"。

# 实训十六　经纬仪测绘法测图

## 一、实训目的

（1）熟悉经纬仪测绘法测图的操作要领。
（2）了解经纬仪测绘法测图全部组织工作。

## 二、仪器与工具

（1）由仪器室借领：经纬仪1台，平板1套，三角板1副，量角器1个，记录板1块，花杆1根，塔尺1根，大头针5枚，比例尺1把，卷尺1盒，图纸1张，测伞1把。
（2）自备：计算器、铅笔、小刀、橡皮、分规、草稿纸。

## 三、实训内容

（1）在选定的测站上安置经纬仪，量取仪器高，并在经纬仪旁边架设小平板（图纸已黏在小平板上）。
（2）用大头针将量角器中心与平板图纸上已展绘出的该测站点固连。
（3）选择好起始方向（另一控制点）并标注在小平板的格网图纸上。
（4）经纬仪盘左位置照准起始方向后，水平度盘设置成00°00′00″。
（5）用经纬仪望远镜的十字丝中丝照准所测地形点视距尺上的"便利高"分划处的标志，读取水平角、竖盘读数（计算出竖直角）及视距间隔，算出视距，并用视距和竖直角计算高差和平距，同时根据测站点的假定高程计算出此地形点的高程。

$$D = Kn\cos^2 \alpha$$

$$H = H_A + \frac{1}{2}Kn\sin 2\alpha + i - l = H_i + \frac{1}{2}Kn\sin 2\alpha - l$$

式中，$K$ 为视距常数，$K = 100$；$n$ 为上、下丝读数之差，即视距间隔；$\alpha$ 为竖直角；$l$ 为中丝读数。

（6）绘图人员用量角器从起始方向量取水平角，定出方向线，在此方向线上依测图比例尺量取平距，所得点位就是把该地形点按比例尺测绘到图纸上的点，然后在点的右边标注其高程。
（7）用同样的方法，可将其他地形特征点测绘到图纸上，并描绘出地物轮廓线或等高线。
（8）人员分工是：一人观测、一人绘图、一人记录与计算、一人跑尺，每人测绘数点后，再交换工作。

## 四、注意事项

（1）采用此测图方法时，经纬仪负责全部观测任务，小平板只起绘图作用。

（2）起始方向选好后，经纬仪在此方向上要严格设置成00°00′00″。观测期间要经常进行检查，发现问题及时纠正或重测。

（3）在读竖盘读数时，要使竖盘指标水准管气泡居中并应注意修正，因竖盘指标差对竖直角有影响。

（4）记录、计算要迅速准确，保证无误。

（5）测图中要保持图纸清洁，尽量少画无用线条。

（6）仪器和工具比较多，要各负其责，既不出现仪器事故，又不丢失测图工具。

（7）测点高程采用假定高程，碎部点均采用"便利高"法观测。

（8）跑尺者与观测者要按预先约定好的手势进行作业。

## 五、上交资料

（1）每组上交经纬仪测绘法测图记录表和所测原图各一份。

（2）每人上交实习报告一份。

# 实训十七　数字化测图

## 一、实训目的

（1）了解全站仪数字化测图的作业过程。
（2）掌握全站仪采集地面特征点坐标的方法。

## 二、仪器与工具

每组领取的仪器：全站仪1台，反射棱镜及棱镜对中杆1支，2m钢卷尺1把。

## 三、方法步骤

全站仪数字化测图的基本形式为三维坐标测量。全站仪数字化测图的方法主要有草图法、编码法和内外业一体化的实时成图法等。本实验用的是草图法或编码法。

1. 全站仪的安置与定向

（1）在图根控制点上安置全站仪，对中、整平后，量取仪器高，输入测站点坐标、仪器高。

（2）照准相邻控制点上的反射棱镜，输入相邻控制点坐标（或已知方位角）数据，进行测站定向。

（3）按三维坐标测量方法，测量另一控制点，输入控制点的反射棱镜高，运用全站仪的坐标测量功能，测量该点的坐标、高程。用该点的已知坐标、高程进行检验。

2. 碎部点坐标数据的采集

选择碎部点，并且对各地形特征点进行编号（草图法）或者进行编码（编码法）。在各地形特征点放置反光镜，测量各点的三维坐标，将所测数据存储于全站仪所选的文件中。

3. 草图绘制

草图由领图员在现场根据实际情况绘制。草图简化标示地形要素的位置、属性和相互关系等，测点编号与仪器的记录点号相一致。

4. 测量数据的传输

坐标数据采集完成后，使用专用的通讯电缆将全站仪与计算机的COM口连接，利用通讯软件将全站仪采集到的数据传输到计算机内形成数据文件。

如采用手工记录，则观测每个点后，直接将测量数据记入记录表中。

## 四、技术要求

（1）仪器的对中偏差不大于 5 mm，仪器高和反光镜高的量取精确至 1 mm。
（2）检验点的平面位置较差不大于图上 0.2 mm，高程较差不大于基本等高距的 1/5。
（3）如用手工记录，坐标、高程读记至 1 cm。

## 五、注意事项

（1）测站定向应选择较远的控制点。
（2）所绘制的草图应保管好，作为内业图形编辑的参考依据。
（3）测点的属性、地形要素的连接关系和逻辑关系等应在作业现场清楚记载。

## 六、上交资料

（1）每人上交实训报告一份。
（2）每组上交数字化测图数据采集记录表。

# 实训十八　数字化地图绘制

## 一、实训目的

（1）了解数字化成图的主要步骤，掌握利用 CASS7.0 软件进行图形编辑、图幅整饰的内业成图方法。

（2）每实训小组由 4~6 人组成，以实训小组为单位，根据全站仪所采集的数据，在计算机房运用 CASS7.0 软件进行图形编辑、图幅整饰，输出一幅数字地形图。

## 二、仪器与工具

每实训小组的仪器：计算机 1 台，CASS7.0 成图软件 1 套。

## 三、实训内容

在外业无编码作业数据采集的基础上，内业将利用外业草图，采用南方 CASS7.0 软件进行成图。成图比例尺为 1∶500。地貌与实地相符，地物位置精确，符号利用要正确。所成的电子地图进行了严格分层管理，可满足出各种专题地图的要求。图形格式为 DWG 格式。

1. 内业成图具体过程

采用草图法的坐标定位作业流程如下：

（1）打开 CASS7.0 进入主界面，其操作界面主要分为三部分——顶部下拉菜单、右侧屏幕菜单和工具条。每个菜单项均以对话框或命令行提示的方式与用户交互应答，操作灵活方便。

（2）定显示区：通过给定坐标数据文件定出图形的显示区域。执行此菜单后，会弹出一个对话框，要求输入测定区域的野外坐标数据文件，计算机自动求出该测区的最大、最小坐标。最后，系统自动将坐标数据文件内所有的点都显示在屏幕显示范围内。

（3）展点：选择"绘图处理"下的"展野外测点点号"，输入采集文件后确认，即完成了展点。

（4）选择"测点坐标"定位，使用屏幕右侧菜单区内的"测点点号"项，按提示输入采集文件，并确认。

（5）绘平面图：根据野外所绘草图，利用屏幕右侧菜单逐点绘制（在绘第一点之前，根据提示要输入绘图比例尺如 1∶500，回车）。以作居民地为例讲解，移动鼠标至右侧菜单"居民地"处按左键，系统便弹出相应的对话框；然后移动鼠标到"四点房屋"的图标处按左键，图标变亮表示该图标已被选中；再移到鼠标至"OK"处按左键。如操作失误，回退继续操作。

（6）加注记、编辑和修改。

利用屏幕右侧菜单的"文字注记"，在左边的文字框或右边的图块框都可以选取，并依照提示完成有关文字的注记。

对于图形的编辑，CASS7.0提供"编辑"和"地物编辑"两种下拉菜单。其中，"编辑"是由AutoCAD提供的编辑功能：图元编辑、删除、断开、延伸、修剪、移动、旋转、比例缩放、复制、偏移拷贝等；"地物编辑"是由南方CASS系统提供的对地物编辑功能：线型换向、植被填充、土质填充、批量删剪、批量缩放、窗口内的图形存盘、多边形内图形存盘等。

（7）绘等高线，主要步骤如下：

① 展高程点：选择"绘图处理"菜单下的"展高程点"，根据提示输入采集文件，展出全部高程点。

② 建立数据地面模型（DTM）：根据"等高线"菜单下"数据文件生成DTM"，依提示输入采集文件，建立DTM。

③ 绘等高线：根据"等高线"菜单下的"绘等高线"，输入适当的等高距，并选择"三次样条拟合"，即可绘制等高线。

④ 等高线修剪：根据"等高线"菜单下的"等高线修剪"，对等高线进行必要修剪；同时注记计曲线。

（8）绘图框：利用"绘图处理"菜单下的"标准图幅"，并依据提示填入图名、测量员、绘图员、检查员的姓名以及图廓西南角点坐标并回车，在"删除图框外实体"前打勾，确认后即可完成一幅图形的绘制。

（9）图形文件保存并打印：根据文件菜单下的图形保存菜单对图形进行保存。在"文件/图形输出"菜单下，根据图纸大小对页面进行设置，打印适当比例尺的地形图。

（10）提交成果：数据采集坐标文件、图形文件、打印平面图。

2. 绘图仪地图输出

选择"文件（F）"菜单下的"绘图输出…"项，进入"打印"对话框。具体输出地图步骤如下：

（1）"打印设备"选项卡。

（2）"打印设置"选项卡。

（3）单击"完全预览（W）…"按钮对打印效果进行预览，最后单击"确定"按钮打印。

## 四、注意事项

（1）外业数据采集时，记录及草图绘制应清晰、信息齐全。不仅要记录观测值及测站有关数据，同时还要记录点号、连接点和连接线等信息，以方便绘图。

（2）数据处理前，要熟悉所采用软件的工作环境及基本操作要求。

（3）用电缆连接全站仪和计算机时，应选择与全站仪型号相匹配的电缆，小心稳妥地连接。

## 五、上交资料

每组上交一份绘制好的数字地图。

# 第三部分　地形测量综合实训

## 一、实训目的与要求

为了更好地将理论与实践相结合,根据高职高专测绘专业地形测量课程教学大纲的要求和本学期教学计划的安排,特组织本次地形测量综合实训。通过现场实践操作,使学生进一步熟练、掌握全站仪和 $DS_3$ 型水准仪的操作和使用,强化其基本操作技能的训练;熟悉各种表格记录、数据处理及计算方法,从而加深对课堂理论知识的理解,培养学生独立工作的能力,并掌握大比例尺地形图的控制和测图方法。

## 二、实训内容

每小组完成一幅大比例尺数字地形图的测绘工作。具体工作内容如下:
(1) 平面控制:布设图根导线。
① 准备工作:仪器的检校、工具用品准备。
② 外业工作:踏勘测区、拟订布网方案、选点、建标、距离测量与角度测量、定向。
③ 内业工作:外业手簿的检查与整理、绘制控制网略图、导线网平差、坐标计算、填写平面控制测量成果表。
(2) 加密控制:视测区情况,可采用视距导线,也可采用交会定点加密。
(3) 高程控制:布设四等闭合/附合水准路线;加密采用等外水准测量。
① 准备工作:水准仪检校、工具与用品准备、复习教材有关内容。
② 外业工作:踏勘、选点、建标、进行四等水准测量。
③ 内业工作:水准测量成果整理、填写水准测量成果表。
(4) 碎部测量。利用全站仪数据采集完成一幅校园内 1∶1 000 的数字地形图。

## 三、仪器工具与人员配备

### 1. 仪器工具

全站仪 1 套,备用电池 1 块,配套充电器 1 个,对讲机 1 对,带棱镜对中杆 2 套,$DS_3$ 型水准仪 1 套,卷尺一把,花杆 2 根,塔尺 1 对,黑红面尺 1 对,图板一个,测钎 1 束,锤子 1 把,钢钉若干,木桩若干,红油漆,毛笔,铅笔,记录计算纸若干,大铁夹子 4 个或胶带 1 卷,计算器。

2. 人员组成

实训以小组为单位进行作业，每个小组 6~7 人，设组长 1 名。

## 四、实训过程

（一）平面控制测量——导线测量

1. 导线测量的外业工作

（1）踏勘选点。

导线点应选在土质坚实、便于安置仪器和保存标志的地方。相邻导线点间应通视良好。导线点应均匀分布，视野开阔，便于碎部测量。遵守有关技术规范中对于不同比例尺测图导线点的个数、导线边长的规定。导线点应有足够的密度，分布均匀，便于控制整个测区。

（2）建立标志。

导线点位置选定后，应建立标志，可在点位上打一木桩，桩顶钉一小钉，作为点的标志。当所选点在水泥路面上，应用红油漆画一圆圈，圈内点一小点，作为临时性标志。

（3）观测水平角。

根据规范要求，按照各等级的导线观测水平角，见表3-1。

（4）测距。

测距可以直接采用全站仪距离测量。

（5）联测。

图根导线要与测区内或附近的高级导线点联测，以获得起算数据。若无条件联测，用罗盘仪测定起始边的磁方位角并假定起始点的坐标作为起算数据（高级导线点的资料由指导教师提供）。

2. 导线测量的内业计算

（1）闭合导线的坐标计算。

① 角度闭合差的计算和调整。

闭合导线一律测内角，$n$ 边形内角之和应满足：

$$\sum \beta_\text{理} = (n-2) \times 180°$$

角度闭合差

$$f_\beta = \sum \beta_\text{测} - \sum \beta_\text{理} = \sum \beta_\text{测} - (n-2) \times 180°$$

当满足该条件时：$f_\beta \leq f_{\beta 容}$，进行闭合差的分配。

闭合差的分配原则：

a. 当 $\beta$ 为左角时，反号平均分配；

b. 当 $\beta$ 为右角时，直接平均分配。

注：当改正数不能平均分配完时，应给短边的邻角多分一点。

② 坐标方位角的推算。

按左角推算：$\alpha_前 = \alpha_后 + \beta_左 - 180°$

注：$\alpha_后 + \beta_左 < 180°$ 时，应加 360° 再减 180°。

按右角推算：$\alpha_前 = \alpha_后 + 180° - \beta_右$

注：$\alpha_后 + 180° < \beta_右$ 时，应加上 360° 再减 $\beta_右$。

对于闭合导线，为了检查计算是否有误，应计算起始边的坐标方位角。由于内角改正后已经闭合，故起始边方位角的计算值等于该边的已知值。

③ 计算坐标增量。

$$\begin{cases} \Delta X_{AB} = S_{AB} \times \cos\alpha_{AB} \\ \Delta Y_{AB} = S_{AB} \times \sin\alpha_{AB} \end{cases}$$

④ 坐标增量闭合差的计算和调整。

a. 坐标增量闭合差的计算。

对于闭合导线，无论边数多少，其纵、横坐标增量的代数和在理论上应该为零。

即 $\sum \Delta X_理 = 0，\sum \Delta Y_理 = 0$

但由于实测边长的误差和角度改正后的残余误差，使得 $\sum \Delta X_测$ 与 $\sum \Delta Y_测$ 不为零，所以就会产生坐标增量闭合差。

$$\begin{cases} f_X = \sum \Delta X_测 - \sum \Delta X_理 \\ f_Y = \sum \Delta Y_测 - \sum \Delta Y_理 \end{cases} \quad 即 \quad \begin{cases} f_X = \sum \Delta X_测 \\ f_Y = \sum \Delta Y_测 \end{cases}$$

由于 $f_X$ 和 $f_Y$ 的存在，使得计算出的终点与起始点不重合，两者之间的距离称为导线全长闭合差：$f_s = \sqrt{f_X^2 + f_Y^2}$。

导线全长的相对闭合差：$k = \dfrac{f_s}{\sum S} = \dfrac{1}{N}$（用来衡量导线的精度高低）。

b. 坐标增量闭合差的调整。

坐标增量闭合差的分配原则：将 $f_X$、$f_Y$ 按照与边长成正比的原则反号分配。

c. 改正后坐标增量的计算。

改正后的纵坐标增量 $\Delta X$ = 改正前的纵坐标增量 $\Delta X$ + 纵坐标增量改正数

改正后的横坐标增量 $\Delta Y$ = 改正前的横坐标增量 $\Delta Y$ + 横坐标增量改正数

⑤ 计算坐标。

从起始点开始计算，最后要算回到起始点。即

$$X_B = X_A + \Delta X_{AB}，Y_B = Y_A + \Delta Y_{AB}$$

（2）附合导线的坐标计算。

① 角度闭合差的计算和调整。

用观测值推算终边的坐标方位角：$\alpha'_终 = \alpha_始 + \sum \beta_左 - n \times 180°$

角度闭合差：$f_\beta = \alpha'_终 - \alpha_终$

即 $f_\beta = \sum \beta_左 - [n \times 180° + (\alpha_终 - \alpha_始)]$

当满足该条件时：$f_\beta \leqslant f_{\beta容}$，进行闭合差的分配。

角度闭合差的分配原则：
a. 当 $\beta$ 为左角时，反号平均分配。
b. 当 $\beta$ 为右角时，直接平均分配。（注：当改正数不能平均分配完时，应给短边的邻角多分一点）

② 坐标方位角的推算。

按左角推算：$\alpha_{前} = \alpha_{后} + \beta_{左} - 180°$（注：$\alpha_{后} + \beta_{左} < 180°$ 时，则加 360° 再减 180°）

按右角推算：$\alpha_{前} = \alpha_{后} + 180° - \beta_{右}$（注：$\alpha_{后} + 180° < \beta_{右}$ 时，则加 360° 再减 $\beta_{右}$）

对于附合导线，为了检查计算是否有误，应计算出终边的坐标方位角。若终边方位角的计算值等于该边的已知值，说明计算准确。

③ 计算坐标增量：

$$\begin{cases} \Delta X_{AB} = S_{AB} \times \cos\alpha_{AB} \\ \Delta Y_{AB} = S_{AB} \times \sin\alpha_{AB} \end{cases}$$

④ 坐标增量闭合差的计算和调整。

a. 坐标增量闭合差的计算。

对于附合导线，无论边数多少，其纵、横坐标增量的代数和在理论上应满足下式：

$$\begin{cases} \sum \Delta X_{理} = X_{终} - X_{始} \\ \sum \Delta Y_{理} = Y_{终} - Y_{始} \end{cases}$$

但是由于实测边长的误差和角度改正后的残余误差，使得产生坐标增量闭合差。

$$\begin{cases} f_X = \sum \Delta X_{测} - \sum \Delta X_{理} \\ f_Y = \sum \Delta Y_{测} - \sum \Delta Y_{理} \end{cases} \quad 即 \quad \begin{cases} f_X = \sum \Delta X_{测} - (X_{终} - X_{始}) \\ f_Y = \sum \Delta Y_{测} - (Y_{终} - Y_{始}) \end{cases}$$

由于 $f_X$ 和 $f_Y$ 的存在，使得计算出的终点与起始点不重合，两者之间的距离称为导线全长闭合差，即

$$f_s = \sqrt{f_x^2 + f_y^2}$$

导线全长的相对闭合差为

$$k = \frac{f_s}{\sum S} = \frac{1}{N} \quad （用来衡量导线的精度高低）$$

b. 坐标增量闭合差的调整。

坐标增量闭合差的分配原则：将 $f_X$、$f_Y$ 按照与边长成正比的原则反号分配。

c. 改正后坐标增量的计算。

改正后的纵坐标增量 $\Delta X$ = 改正前的纵坐标增量 $\Delta X$ + 纵坐标增量改正数

改正后的横坐标增量 $\Delta Y$ = 改正前的横坐标增量 $\Delta Y$ + 横坐标增量改正数

d. 计算坐标。

从起始点开始计算，最后要算回到起始点。即

$$X_B = X_A + \Delta X_{AB}, \quad Y_B = Y_A + \Delta Y_{AB}$$

## （二）高程控制测量——四等水准测量

1. 外业工作

（1）选定路线。

联测：由高等级已知水准点上往测区内的水准点上引测高程。

施测：以测区内的水准点为已知点，将导线测量时的导线形式作为水准测量路线，形式基本一样。

（2）观测高差（后—后—前—前）。

① 瞄准后视水准尺黑面，读取上、下丝读数①②；精平，读中丝读数③。

② 瞄准后视水准尺红面，读取中丝读数④。

③ 瞄准前视水准尺黑面，读取上、下丝读数⑤⑥；精平，读中丝读数⑦。

④ 瞄准前视水准尺红面，读取中丝读数⑧。

记录者在"四等水准测量记录"手簿中，按照次序①~⑧记录各个读数；四等水准测量的观测顺序也可采用："后—前—前—后"的观测顺序。只是记录和计算顺序与上面"后—后—前—前"有所不同。

（3）测站检核及高差计算：

① 后视距离 (15) = 100×(①－②)。

② 前视距离 (16) = 100×(⑤－⑥)。

③ 前、后视距差应满足 (17) = (15) － (16) ≤ ±5 m。

④ $\sum$视距差应满足 (18) = $\sum$(17) ≤ ±10 m。

注：上述结果满足要求后可进行下面计算，否则应调整仪器重新进行上述观测。

⑤ 后视尺黑、红面较差应满足 (9) = ③ + $K_1$ － ④ ≤ ±3 mm。

⑥ 前视尺黑、红面较差应满足 (10) = ⑦ + $K_2$ － ⑧ ≤ ±3 mm。

⑦ 黑面尺高差 (11) = ③ － ⑦。

⑧ 红面尺高差 (12) = ④ － ⑧。

⑨ 黑、红面高差之差应满足 (13) = (11) － (12)±100 = (9) － (10) ≤ ±5 mm。

注：上述结果满足要求后，计算高差平均值；否则，重新观测。

⑩ 平均高差。

注：$K_1$、$K_2$ 为水准尺红黑面分划零点常数差，通常为 4 687 mm、4 787 mm。计算高差时，红面尺高差加上或减去 100 mm，以黑面高差为主。

2. 内业计算

（1）闭合水准路线的高程计算：

① 计算高差闭合差。

闭合导线可以看做是起点和终点重合的附合水准路线，所以有

$$\sum h_{理} = H_{终} － H_{始} = 0$$

高差闭合差为

$$f_h = \sum h_{测} － \sum h_{理} = \sum h_{测}$$

高差闭合差的容许值为

$$f_{h容} = \pm 20\sqrt{L} \text{ mm}$$

当满足该条件时，$f_h \leqslant f_{h容}$，进行闭合差的分配。

② 高差闭合差的分配。

高差闭合差的分配原则：反号按照与边长或者与测站数成正比例的原则进行分配。

③ 计算改正后的高差。

改正后的高差 = 改正前的高差 + 高差改正数

④ 计算未知点的高程。

未知点的高程 = 已知点的高程 + 未知点到已知点间的高差

（2）附合水准路线的高程计算：

① 计算高差闭合差。

闭合导线可以看做是起点和终点重合的附合水准路线，所以有

$$\sum h_{理} = H_{终} - H_{始} = 0$$

高差闭合差为

$$f_h = \sum h_{测} - \sum h_{理} = \sum h_{测}$$

高差闭合差的容许值为

$$f_{h容} = \pm 20\sqrt{L} \text{ mm}$$

当满足该条件时 $f_h \leqslant f_{h容}$，进行闭合差的分配。

② 高差闭合差的分配。

高差闭合差的分配原则：反号按照与边长或者与测站数成正比例的原则进行分配。

③ 计算改正后的高差。

改正后的高差 = 改正前的高差 + 高差改正数

④ 计算未知点的高程。

未知点的高程 = 已知点的高程 + 未知点到已知点间的高差

（3）支水准路线的高程计算：

① 高差闭合差的计算

检核方法：同一条水准路线上进行往返测。

若观测过程中没有任何误差存在，那么在理论上就会有

$$\sum h_{往测} + \sum h_{返测} = 0$$

但事实上误差是避免不了的，所以，高差闭合差就为

$$f_h = \sum h_{往测} + \sum h_{返测}$$

高差闭合差的容许值

$$f_{h容} = \pm 20\sqrt{L} \text{ mm}$$

当满足该条件时，$f_h \leq f_{h容}$，直接进行高程计算。

② 未知点的高程计算

最终的高差为：数值取往返测高差的绝对值的平均值；符号与往测高差的符号一致。

## （三）数据采集

地形图的测绘（即数据采集）采用草图法，各组应根据所学过的全站仪知识，灵活的加密控制，按照 1∶1 000 比例尺测图的要求，测好地物特征点和地貌特征点。应画好草图，草图上的点号应与全站仪上的一致。草图的绘制要遵循清晰易读、符号应与图示应当遵守看不见不能测绘的原则。

### 1. 仪器设置及测站点定向检查

（1）仪器对中误差不大于 5 mm。

（2）以较远的一控制点作为后视定向点，另一控制点作为检核，计算检核点的平面位置误差不大于 0.2×M×10−3（m），其中 M 为比例尺分母。

（3）检查另一控制点的高程，较差不大于 1/6 等高距。

（4）每站数据采集结束后应重新检查后视定向，检测结果如果超出限差要求，则检测前所测成果须重新计算。

### 2. 地形点密度

地形点间距按表 3-1 规定执行。

表 3-1　地形点间距（单位：m）

| 比例尺 | 1∶500 | 1∶1 000 | 1∶2 000 |
|---|---|---|---|
| 地形点平均间距 | 25 | 50 | 100 |

### 3. 碎部点测距长度

碎部点测距的最大长度一般按表 3-2 执行。遇特殊情况，在保证碎部点精度的前提下，测距长度可适当加长。

表 3-2　地形点间距（单位：m）

| 比例尺 | 1∶500 | 1∶1 000 | 1∶2 000 |
|---|---|---|---|
| 最大测距长度 | 200 | 350 | 500 |

### 4. 数据下载

数据通讯的作用是完成全站仪与计算机两者之间的数据相互传输。通过绘图软件 CASS2008 读入全站仪数据，完成数据下载。

### 5. 绘制地形图

草图法作业采用测点点号定位成图法来绘图，内容包括：①定显示区；②选择测点点号定位成图法；③绘制平面图；④地物编辑；⑤绘制等高线；⑥地形图的分幅与整饰；⑦地形图的输出。

6. 数据采集技术要求

（1）数据采集的准备工作。首先，将控制点数据整理为*.dat文件传入全站仪内存中或直接录入；其次，对仪器参数设置及对内存文件整理。在使用仪器前要对温度、气压、棱镜常数、测距模式、测距次数等参数进行检查、设置。如果内存不足，无用文件可删除。

（2）碎部点采集工作步骤和要求。野外数据采集主要包括安置仪器、输入数据采集文件名、输入测站数据、输入后视点坐标、定向、碎部点测量几步。

① 安置仪器。当仪器对中、整平后量取仪器高至毫米。打开电源，转动望远镜，使仪器进入观测状态，再按"Menu"菜单键，进入主菜单。

② 测站设置。在数据采集菜单下根据全站仪提示输入数据采集文件名。文件名可直接输入也可从仪器内存中调用。测站数据的设置有两种方法：一是直接由键盘输入坐标；二是调用内存中的坐标文件。此坐标文件必须在数据采集的准备工作中已经传入或写入内存。

③ 后视点设置。后视点数据的输入有三种方式：一是调用内存中的已有坐标文件；二是直接输入后视控制点坐标；三是直接输入定向边的方位角。

④ 定向。当测站和后视方向设置完毕，可根据仪器提示照准后视点棱镜，按测量键后完成定向工作。

⑤ 碎部点测量。在数据采集菜单下选择碎部点采集命令。输入点号、编码、棱镜高等数据。照准目标，按测量键或ALL后，数据被存储。全站仪点号自动增加，进入下一点测量。如采用无码作业，可不输入编码。

在地物、地貌的测绘过程中，应按照现行国家标准《1∶500 1∶1 000 1∶2 000 地形图图式》（GB/T 20257.1—2007）执行，同时还应符合以下规定：

居民地的各类建筑物和构筑物及其主要附属设施应准确测绘其外围轮廓，房屋以墙基外角为准测绘，并注记楼房名称、房屋结构和楼房层数。依比例的垣栅，应准确测出基础轮廓并用相应符号表示；不依比例的垣栅，测出其定位点后配以对应符号依次连接。

公路与其他双线道路在图上均应按实宽依比例表示，图上每隔15～20 cm标注公路等级代码。公路、街道按其铺面材料不同应分类以混凝土（水泥）、沥（沥青）、砾（砾石）、碴（碎石）、土（土路）等注记于图中路面。

永久性电力线、通信线均应准确表示，电杆、电线架、铁塔位置需实测。城市建筑区内电力线、通信线可不连线，但应在杆架处绘出连线方向。

地面和架空的管线分别用相应的符号表示，并注记类别。地下管线根据用途需要决定表示与否，检修井应测绘表示。管道附属设施均应实测表示。

河流在图上宽度小于0.5 mm的、沟渠小于1 mm的用单线表示。河流交叉处、泉、井等要测注高程，瀑布、跌水测注比高。

自然地貌用等高线表示，崩塌残蚀地貌、坡、坎和其他特殊地貌用相应符号和等高线配合表示。居民地可不绘等高线，但应在坡度变化处标注高程。

对耕地、园地应实测范围，配以对应符号。田埂、宽度在图上大于1 mm应用双线表示，小于1 mm用单线表示。耕地、园地、林地、草地、田埂均需测注高程。

7．内业绘图与要求

（1）数据传输：通过数据通信完成全站仪和计算机之间的数据相互传输。注意相关参数设置应一致。

（2）此次实训主要采用草图法完成测图成图任务。草图法模式主要内容包括：

① 定显示区。

② 选择测点点号定位成图法。

③ 依据草图绘制平面图。

④ 地物编辑。

⑤ 绘制等高线。

⑥ 地形图的分幅与整饰。

⑦ 地形图输出。

（3）数字地形图的编辑要求。

① 街区与道路的衔接处，应留 0.2 mm 间隔；建筑在陡坎和斜坡上的建筑物按实际位置绘出，陡坎无法准确绘出时，可移位表示，并留 0.2 mm 间隔。

② 两点状地物相距很近时，可将突出、重点地物准确表示，另一个移位表示。点状地物与房屋、道路、水系等其他地物重合时，可中断其他地物符号，间隔 0.2 mm 完整表示独立符号。

③ 双线道路与房屋、围墙等高出地面的建筑物边线重合时，可用建筑物边线代替道路边线。道路边线与建筑物接头处应间隔 0.2 mm。

④ 河流遇到桥梁、水坝、水闸等应断开。水涯线与陡坎重合时可用陡坎边线代替水涯线。水涯线与斜坡脚重合时，仍应在坡脚将水涯线绘出。

⑤ 等高线遇到房屋及其他建筑物、双向道路、路堤、路堑、坑穴、陡坎、斜坡、湖泊、双线河、双线渠以及注记等均应断开。等高线的坡向不能判断时，加注示坡线。

⑥ 同一地类范围内的植被，其符号可均匀配置；地类界与地面上有实物的线状符号重合时可省略不绘；与地面上无实物的线状符号重合时，地类界应移位 0.2 mm。

⑦ 文字注记字头朝北，道路河流名称可随线状弯曲方向排列，名字底边平行于南、北图廓；注记文字最小间距为 0.5 mm，最大间距不超过字号的 8 倍。高程注记一般注于点的右方，离点间隔 0.5 mm。等高线注记字头应指向山顶和地形特征部分，但字头不应指向图纸的下方；地貌复杂的地方，应注意合理配置，以保持地貌的完整。

## 五、地形图的检查和验收

1．控制点的检查

（1）一般利用原测图控制点作为检测控制点。检测前，应对使用的原测图控制点进行可靠性确认。确认的方式主要包括重合检测法和距离检测法。

（2）当原测图控制点不满足检测需要时，在等级控制点上，发展检测控制点。检测控制点测量应符合规范、设计中相关等级以及测量精度要求。

（3）检测前应先检测一个控制点，确定测站设置无误方可开始检测。

2. 地形图的检查

（1）检查方法。

采用全站仪极坐标法测量方法，可同时或单独采集平面坐标和高程。

将采集的平面坐标展点上图，量取地形图上的同名点坐标，进行同名点坐标比对，计算坐标差，按图幅统计地形图平面绝对位置中误差。

将采集的高程点高程值与图上同名高程注记点高程值进行比对，计算高程较差，按图幅统计地形图高程注记点高程中误差。

未采集到同名点的，将最近距离相邻两等高线与采集点量取距离，根据距离、两等高线高程值进行线性内插推算采集的注记高程，与采集的高程值进行比对，计算高程较差，按图幅统计地形图等高线插求点高程中误差。

将实地量取的地物间的距离，与地形图上同名距离进行比对，计算距离差值，按图幅统计地形图平面相对位置中误差。

（2）检测点、边的选择原则。

检测点（边）数量视地物复杂程度、比例尺等具体情况确定，每幅图一般各选取 20~50 个（尽量多）。

平面绝对位置检测点应选取明显地物点，主要为明显地物的角隅点，独立地物点，线状地物交点、拐角点，面状地物拐角点等。

高程检测点应尽量选取明显地物点和地貌特征点，如山顶、鞍部、山脊、山脚、谷底、谷口、沟底、凹地、台地、河川湖池岸旁、水涯线上等，且尽量分布均匀，避免选在高程急剧变化处。

检测边位置应选取明显地物点，主要为房屋边长、建筑物角点间距离、建筑物与独立地物间距离、独立地物间距离等。

# 六、地形图的质量评定

对数字测图成果进行检查以后，根据检查的结果，对单位成果和批成果进行质量评定，并划分出质量等级。

# 七、编写实习报告

测绘技术总结是在测绘任务完成后，对测绘技术设计文件和技术标准、规范等的执行情况，技术设计方案实施中出现的主要技术问题和处理方法，成果（或产品）质量、新技术的应用等进行分析研究、认真总结，并作出的客观描述和评价。测绘技术总结为用户对成果（或产品）的合理使用提供方便，为测绘单位持续质量改进提供依据，同时也为技术设计、有关技术标准、规定的制定提供资料。测绘技术总结是与测绘成果（或产品）有直接关系的技术性文件，是长期保存的重要技术档案。数字测图技术总结的编写格式如下：

实训总结报告的编写格式要求如下：

1. 实习基本情况

（1）封面：实训名称、地点、日期、班级、姓名、学号及指导老师。
（2）目录：章节内容及页码。
（3）概述：
① 任务来源、目的，测图比例尺，生产单位，作业起止日期，任务安排概况等。
② 测区名称、范围、测量内容，行政隶属，自然地理特征，交通情况，困难类别等。

2. 已有资料及其应用

（1）资料的来源、地理位置和利用情况等。
（2）资料中存在的主要问题及处理方法。

3. 作业依据、设备和软件

（1）作业技术依据及其执行情况，执行过程中技术性更改情况等。
（2）使用的仪器设备与工具的型号、规格与特性，仪器的检校情况，使用的软件基本情况介绍等。
（3）作业人员组成。

4. 坐标、高程系统

采用的坐标系统、高程系统，投影方法，图幅分幅与编号方法，地形图的等高距。

5. 控制测量

（1）平面控制测量：已知控制点资料和保存情况，首级控制网及加密控制网的等级、网形、密度、埋石情况、观测方法、技术参数、记录方法、控制测量成果等。
（2）高程控制测量：已知控制点资料和保存情况，首级控制网及加密控制网的等级、网形、密度、埋石情况、观测方法、技术参数、视线长度及其距地面和障碍物的距离，记录方法，重测测段和次数，控制测量成果等。
（3）内业计算软件的使用情况，平差计算方法及各项限差，控制测量数据的统计、比较，外业检测情况与精度分析等。
（4）生产过程中出现的主要技术问题和处理方法，特殊情况的处理及其达到的效果，新技术、新方法、新设备等应用情况，经验教训、遗留问题、改进意见和建议等。

6. 地形图测绘

（1）测图方法，外业采集数据的内容、密度、记录的特征，数据处理、图形处理所用软件和成果输出的情况等。
（2）测图精度的统计、分析和评价，检查验收情况，存在的主要问题及处理方法等。
（3）新技术、新方法、新设备的采用情况以及经验、教训等。

7. 测绘成果质量说明和评价

简要说明、评价测绘成果的质量情况、产品达到的技术质量指标，并说明其质量检查报告的名称和编号。

8. 实习体会

本次实习的意义、合理化建议及实习感受。

9. 提交成果

（1）技术设计书。

（2）导线、水准路线图，埋石点点之记等。

（3）控制测量平差报告、平差成果表。

（4）地形图元数据文件，地形图全图和分幅图数据文件等。

（5）输出的地形图。

（6）数字测图技术报告、检查报告、验收报告。

（7）实习报告。

（8）其他需要提交的成果。

## 八、实训纪律、安全与过程要求

（1）实习过程中，要注意人身及仪器的安全，杜绝安全隐患。爱护公物，仪器如有损坏或遗失，由小组共同承担，照价赔偿。

（2）实习期间，要遵守实习纪律，不得无故迟到、早退或缺席，有急事要请假，须经班主任和指导教师批准；否则，将一律按旷实习处理。

（3）实习期间，要有团队协作精神，树立良好的集体观念，严格遵守相关的操作要求、操作规程和技术规定，共同按时圆满地完成本次教学实习的任务。

（4）各小组组长要切实负起责任，协调并组织好本组的组员，仪器指定专人妥善保管，按时完成各项指定的实习任务。

（5）由于测区范围分布大，在指导教师考察的同时，各小组组长要配合如实做好组员每天的实习纪录，以保证实习成绩的准确可靠性。

## 九、实训考核与成绩评定

根据学生在整个实训过程中的出勤率、现场回答问题、实验结果和实训报告的具体内容，将总成绩分为"优、良、中、及、不及格"五等。

（1）进行仪器操作考核、外业观测记录和内业计算的考核，再结合实习中的表现和实习成果综合评定成绩。

（2）成绩分：优、良、中、及格和不及格。

# 参考文献

[1] 赵文亮. 地形测量. 郑州：黄河水利出版社，2005.
[2] 李仕东. 工程测量. 北京：人民交通出版社，2002.
[3] 马真安，阿巴克力. 工程测量实训指导. 北京：人民交通出版社，2005.
[4] 杨学锋. 测量学实训指导书. 沈阳：东北大学出版社，2013.
[5] 陈丽华. 测量学实验与实习. 杭州：浙江大学出版社，2011.
[6] 张 序. 测量学实验与实习. 南京：东南大学出版社，2007.
[7] 程效军，等. 测量实习教程. 上海：同济大学出版社，2005.
[8] 张保成. 测量学实习指导与习题. 北京：人民交通出版社，2000.

# 附 表

## 表 1  水准测量实训报告

日期：　　　　　班级：　　　　　组别：　　　　　姓名：　　　　　学号：

| 实习题目 | 水准仪的认识与操作 | 成　绩 | |
|---|---|---|---|
| 实习目的 | | | |
| 主要仪器及工具 | | | |

1. 在下图引出的标线上标明仪器该部件的名称。

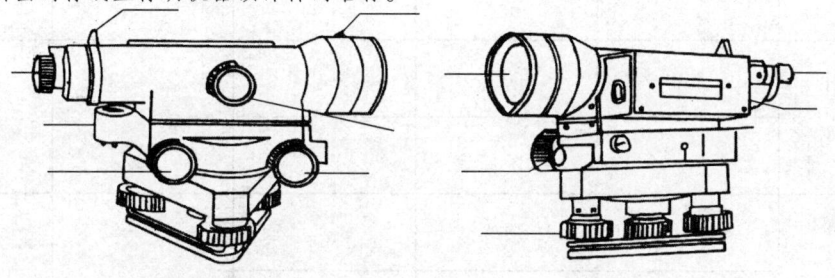

2. 用箭头标明如何转动三只脚螺旋，使下图所示的圆水准气泡居中。

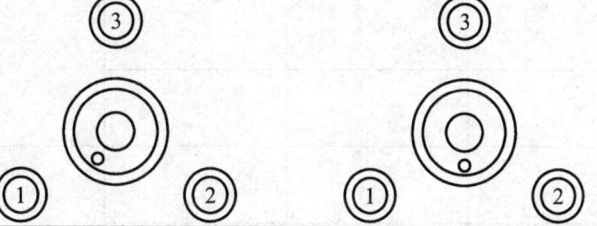

3. 简述消除视差的步骤。




4. 简述微倾式水准仪进行水准测量前，分别如何操作使仪器圆水准气泡和管水准气泡居中。




5. 实习总结。

## 表 2  等外水准测量记录表

日期：　　年　月　日　　　　　天气：　　　　　　　　观测者：

仪器型号：　　　　　　　　　　班组：　　　　　　　　　记录者：

| 测　站 | 点　号 | 后视读数 /m | 前视读数 /m | 高差 /m | 备　注 |
|---|---|---|---|---|---|
|  |  |  |  |  |  |
|  |  |  |  |  |  |
|  |  |  |  |  |  |
|  |  |  |  |  |  |
|  |  |  |  |  |  |
|  |  |  |  |  |  |
|  |  |  |  |  |  |
|  |  |  |  |  |  |
|  |  |  |  |  |  |
|  |  |  |  |  |  |
|  |  |  |  |  |  |
|  |  |  |  |  |  |
|  |  |  |  |  |  |
|  |  |  |  |  |  |
|  |  |  |  |  |  |
|  |  |  |  |  |  |
|  |  |  |  |  |  |
|  |  |  |  |  |  |

## 表2 等外水准测量记录表

日期： 年 月 日　　　　天气：　　　　　　观测者：

仪器型号：　　　　　　　班组：　　　　　　　记录者：

| 测 站 | 点 号 | 后视读数/m | 前视读数/m | 高差/m | 备 注 |
|---|---|---|---|---|---|
|  |  |  |  |  |  |
|  |  |  |  |  |  |
|  |  |  |  |  |  |
|  |  |  |  |  |  |
|  |  |  |  |  |  |
|  |  |  |  |  |  |
|  |  |  |  |  |  |
|  |  |  |  |  |  |
|  |  |  |  |  |  |
|  |  |  |  |  |  |
|  |  |  |  |  |  |
|  |  |  |  |  |  |
|  |  |  |  |  |  |
|  |  |  |  |  |  |
|  |  |  |  |  |  |
|  |  |  |  |  |  |
|  |  |  |  |  |  |
|  |  |  |  |  |  |

### 表3 等外水准测量记录表

日期： 年 月 日　　　　天气：　　　　　　观测者：
仪器型号：　　　　　　　班组：　　　　　　　记录者：

| 测　站 | 点　号 | 水准尺读数 | | 高差 /m | 备　注 |
|---|---|---|---|---|---|
| | | 后视读数 /m | 前视读数 /m | | |
| | | | | | |
| | | | | | |
| | | | | | |
| | | | | | |
| | | | | | |
| | | | | | |
| | | | | | |
| | | | | | |
| | | | | | |
| | | | | | |
| | | | | | |
| | | | | | |
| | | | | | |
| | | | | | |
| 计算校核 | | $\sum a =$ | $\sum b =$ | $\sum h =$ | |
| | | $\sum a - \sum b =$ | | | |

### 表3 等外水准测量记录表

日期： 年 月 日　　　　　天气：　　　　　　　　观测者：
仪器型号：　　　　　　　　班组：　　　　　　　　　记录者：

| 测　站 | 点　号 | 水准尺读数 || 高差 /m | 备　注 |
|---|---|---|---|---|---|
| | | 后视读数 /m | 前视读数 /m | | |
| | | | | | |
| | | | | | |
| | | | | | |
| | | | | | |
| | | | | | |
| | | | | | |
| | | | | | |
| | | | | | |
| | | | | | |
| | | | | | |
| | | | | | |
| | | | | | |
| | | | | | |
| | | | | | |
| 计算校核 | | $\sum a =$ | $\sum b =$ | $\sum h =$ | |
| | | $\sum a - \sum b =$ || | |

## 表 4 等外水准测量实训报告

日期：　　　　班级：　　　　　组别：　　　　　姓名：　　　　　学号：

| 实习题目 | 等外水准测量 | 成　绩 | |
|---|---|---|---|
| 实习目的 | | | |
| 主要仪器及工具 | | | |
| 实习场地布置草图 | | | |
| 实习主要步骤 | | | |
| 实习总结 | | | |

### 表5  水准仪检校实训报告

日期：　　　　班级：　　　　组别：　　　　姓名：　　　　学号：

| 实习题目 | 微倾式水准仪的检验校正 | 成　绩 | |
|---|---|---|---|
| 实习目的 | | | |
| 主要仪器及工具 | | | |

1. 描述在对十字丝横丝与仪器竖轴是否垂直的检校过程中，如何判定十字丝横丝与仪器竖轴是否垂直，并画图说明。

2. 描述在对圆水准器轴与仪器竖轴是否平行的检校过程，并画图说明。

3. 水准管轴与视准轴是否平行的检校记录：

| 仪器位置 | 项　目 | 第一次 | 第二次 |
|---|---|---|---|
| 在A、B两点中间置仪器测高差 | 后视A点尺上读数 $a_1$ | | |
|  | 前视A点尺上读数 $b_1$ | | |
|  | $h_{AB}=$　　　（取两次平均值） | | |
| 在A点附近置仪器进行检校 | A点尺上读数 $a_2$　　（一次） | | |
|  | B点尺上读数 $b_2$　　（一次） | | |
|  | 计算 $b_2' = a_2 - h_{AB}$ | | |
|  | 计算偏差值 $\Delta b = b_2 - b_2'$ | | |
|  | 是否需校正 | | |

4. 实习总结：

## 表6 四等水准测量记录表

测自　　　　至　　　　止　　　　　天气：　　　　　观测者：
时间：　　　　年　月　日　　　　　成像：　　　　　记录者：

| 测站编号 | 点号 | 后尺 下丝<br>后尺 上丝<br>后视距/m<br>视距差 d/m | 前尺 下丝<br>前尺 上丝<br>前视距/m<br>∑d/m | 方向及尺号 | 标尺读数/m 黑面 | 标尺读数/m 红面 | K+黑－红/mm | 高差中数/m | 备注 |
|---|---|---|---|---|---|---|---|---|---|
| | | （1） | （4） | 后 | （3） | （8） | （10） | | |
| | | （2） | （5） | 前 | （6） | （7） | （9） | （14） | |
| | | （15） | （16） | 后－前 | （11） | （12） | （13） | | |
| | | （17） | （18） | | | | | | |
| | | | | 后 | | | | | |
| | | | | 前 | | | | | |
| | | | | 后－前 | | | | | |
| | | | | | | | | | |
| | | | | 后 | | | | | |
| | | | | 前 | | | | | |
| | | | | 后－前 | | | | | |
| | | | | | | | | | |
| | | | | 后 | | | | | |
| | | | | 前 | | | | | |
| | | | | 后－前 | | | | | |
| | | | | | | | | | |
| | | | | 后 | | | | | |
| | | | | 前 | | | | | |
| | | | | 后－前 | | | | | |
| | | | | | | | | | |

| 检核 | ∑(15) =<br>－)∑(16) =<br>　　＝<br>＝末站(18) | ∑(3) + ∑(8) =<br>－)∑(6) + ∑(7) =<br>　　＝<br>总视距 = ∑(15) + ∑(16) = | ∑(11) + ∑(12) =<br>∑(14) =<br>2∑(14) = |
|---|---|---|---|

### 表6 四等水准测量记录表

测自　　　　　至　　　　　止　　　　天气：　　　　　　观测者：
时间：　　　年　月　日　　　　　　成像：　　　　　　记录者：

| 测站编号 | 点号 | 后尺 下丝 上丝 后视距/m 视距差 d/m | 前尺 下丝 上丝 前视距/m $\sum d$/m | 方向及尺号 | 标尺读数/m 黑面 | 标尺读数/m 红面 | $K+$黑$-$红/mm | 高差中数/m | 备注 |
|---|---|---|---|---|---|---|---|---|---|
|  |  | （1） | （4） | 后 | （3） | （8） | （10） |  |  |
|  |  | （2） | （5） | 前 | （6） | （7） | （9） |  |  |
|  |  | （15） | （16） | 后－前 | （11） | （12） | （13） | （14） |  |
|  |  | （17） | （18） |  |  |  |  |  |  |
|  |  |  |  | 后 |  |  |  |  |  |
|  |  |  |  | 前 |  |  |  |  |  |
|  |  |  |  | 后－前 |  |  |  |  |  |
|  |  |  |  |  |  |  |  |  |  |
|  |  |  |  | 后 |  |  |  |  |  |
|  |  |  |  | 前 |  |  |  |  |  |
|  |  |  |  | 后－前 |  |  |  |  |  |
|  |  |  |  |  |  |  |  |  |  |
|  |  |  |  | 后 |  |  |  |  |  |
|  |  |  |  | 前 |  |  |  |  |  |
|  |  |  |  | 后－前 |  |  |  |  |  |
|  |  |  |  |  |  |  |  |  |  |
|  |  |  |  | 后 |  |  |  |  |  |
|  |  |  |  | 前 |  |  |  |  |  |
|  |  |  |  | 后－前 |  |  |  |  |  |
|  |  |  |  |  |  |  |  |  |  |
| 检核 |  | $\sum(15)=$ $-)\sum(16)=$ $=$ $=$末站(18) | | | $\sum(3)+\sum(8)=$ $-)\sum(6)+\sum(7)=$ $=$ 总视距$=\sum(15)+\sum(16)=$ | | $\sum(11)+\sum(12)=$ $\sum(14)=$ $2\sum(14)=$ | | |

## 表6 四等水准测量记录表

测自　　　至　　　止　　　　天气：　　　　观测者：
时间：　　　年　月　日　　　　成像：　　　　记录者：

| 测站编号 | 点号 | 后尺 下丝 / 上丝 / 后视距/m / 视距差 d/m | 前尺 下丝 / 上丝 / 前视距/m / $\sum d$ /m | 方向及尺号 | 标尺读数 /m 黑面 | 标尺读数 /m 红面 | K+黑-红 /mm | 高差中数 /m | 备注 |
|---|---|---|---|---|---|---|---|---|---|
| | | （1） | （4） | 后 | （3） | （8） | （10） | | |
| | | （2） | （5） | 前 | （6） | （7） | （9） | | |
| | | （15） | （16） | 后－前 | （11） | （12） | （13） | （14） | |
| | | （17） | （18） | | | | | | |
| | | | | 后 | | | | | |
| | | | | 前 | | | | | |
| | | | | 后－前 | | | | | |
| | | | | | | | | | |
| | | | | 后 | | | | | |
| | | | | 前 | | | | | |
| | | | | 后－前 | | | | | |
| | | | | | | | | | |
| | | | | 后 | | | | | |
| | | | | 前 | | | | | |
| | | | | 后－前 | | | | | |
| | | | | | | | | | |
| | | | | 后 | | | | | |
| | | | | 前 | | | | | |
| | | | | 后－前 | | | | | |
| | | | | | | | | | |
| 检核 | $\sum$(15)= <br> −)$\sum$(16)= <br> ────── <br> = <br> =末站(18) | | $\sum$(3)+$\sum$(8)= <br> −)$\sum$(6)+$\sum$(7)= <br> ────── <br> = <br> 总视距=$\sum$(15)+$\sum$(16)= | | | | $\sum$(11)+$\sum$(12)= <br> $\sum$(14)= <br> 2$\sum$(14)= | | |

## 表7　四等水准测量实训报告

日期：　　　　班级：　　　　组别：　　　　姓名：　　　　学号：

| 实习题目 | 四等水准测量 | 成　绩 | |
|---|---|---|---|
| 实习目的 | | | |
| 主要仪器及工具 | | | |
| 实习场地布置草图 | | | |
| 实习主要步骤 | | | |
| 实习总结 | | | |

## 表8　电子水准仪的认识实训报告

日期：　　　　班级：　　　　组别：　　　　姓名：　　　　学号：

| 实习题目 | 电子水准仪的认识和使用 | 成　绩 | |
|---|---|---|---|
| 实习目的 | | | |
| 主要仪器及工具 | | | |
| 实习场地布置草图 | | | |
| 实习主要步骤 | | | |
| 实习总结 | | | |

## 表9 DJ₆型经纬仪认识实训报告

日期：　　　　班级：　　　　组别：　　　　姓名：　　　　学号：

| 实习题目 | DJ₆型光学经纬仪的认识与操作 | 成　绩 | |
|---|---|---|---|
| 实习目的 | | | |
| 主要仪器及工具 | | | |

1. 在下图引出的标线上标明仪器该部件的名称。

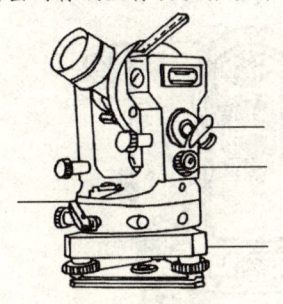
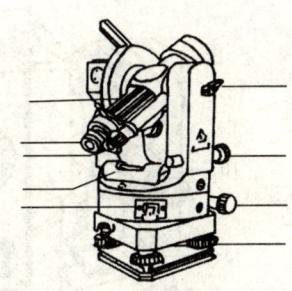

2. 用箭头标明如何转动三只脚螺旋，使下图所示的圆水准气泡居中。

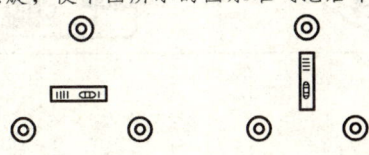

3. 将水平度盘读数设置为 00°00′00″、90°00′00″、120°35′00″。

4. 观测记录练习：

| 测　站 | 目　标 | 盘左读数 | 盘右读数 | 备　注 |
|---|---|---|---|---|
| | | | | |
| | | | | |
| | | | | |

实习总结：

## 表10  DJ$_2$型经纬仪认识实训报告

日期：　　　　班级：　　　　组别：　　　　姓名：　　　　学号：

| 实习题目 | DJ$_2$型光学经纬仪的认识与操作 | 成绩 | |
|---|---|---|---|
| 实习目的 | | | |
| 主要仪器及工具 | | | |

1．在下图引出的标线上标明仪器该部件的名称。

2．绘出所用仪器的读数窗示意图。

3．平度盘读数设置为 00°00′00″、90°00′00″、120°08′35″。

4．观测记录练习：

| 测　站 | 目　标 | 盘左读数 | 盘右读数 | 备　注 |
|---|---|---|---|---|
|  |  |  |  |  |
|  |  |  |  |  |
|  |  |  |  |  |

实习总结：

## 表 11　经纬仪检验与校正记录表

日期：　　　　班级：　　　　组别：　　　　姓名：　　　　学号：

| 1．一般检查 | |
|---|---|
| 仪器外表有无损伤，脚架是否牢固 | |
| 仪器转动是否灵活，螺旋是否有效 | |
| 光学系统有无霉点 | |

**2．水准管轴垂直于竖轴**

| 检验次数 | | |
|---|---|---|
| 气泡偏离格数 | | |

**3．十字丝纵丝垂直于横轴**

| 检验次数 | 误差是否显著 |
|---|---|
| | |

**4．视准轴垂直于横轴**

| | 目标 | 水平度盘读数 | | 目标 | 水平度盘读数 |
|---|---|---|---|---|---|
| 第一次检验 | | $\alpha_1(盘左)=$ | 第二次检验 | | $\alpha_1(盘左)=$ |
| | | $\alpha_2(盘右)=$ | | | $\alpha_2(盘右)=$ |
| | | $c=\frac{1}{2}[\alpha_1-(\alpha_2\pm180°)]=$ | | | $c=\frac{1}{2}[\alpha_1-(\alpha_2\pm180°)]=$ |
| | | $a=\frac{1}{2}[\alpha_1+(\alpha_2\pm180°)]=$ | | | $a=\frac{1}{2}[\alpha_1+(\alpha_2\pm180°)]=$ |

**5．横轴垂直于竖轴**

| 检验次数 | $m_1$ 和 $m_2$ 两点间距离 | 备注 |
|---|---|---|
| | | |

**6．竖盘指标差的检验与校正**

| 检验次数 | 目标 | 竖盘位置 | 竖盘读数 /(°′″) | 指标差 /(′″) | 盘右正确竖盘读数 /(°′″) | 备注 |
|---|---|---|---|---|---|---|
| | | | | | | |
| | | | | | | |

## 表12 测回法观测水平角记录表

日期：　　　　班级：　　　　组别：　　　　姓名：　　　　学号：

| 测站 | 盘位 | 目标 | 水平度盘读数 /(° ′ ″) | 半测回水平角 /(° ′ ″) | 一测回水平角 /(° ′ ″) |
|---|---|---|---|---|---|
| | 左 | | | | |
| | | | | | |
| | 右 | | | | |
| | | | | | |
| | 左 | | | | |
| | | | | | |
| | 右 | | | | |
| | | | | | |
| | | | | | |
| | 左 | | | | |
| | | | | | |
| | 右 | | | | |
| | | | | | |
| | 左 | | | | |
| | | | | | |
| | 右 | | | | |
| | | | | | |
| | | | | | |
| | 左 | | | | |
| | | | | | |
| | 右 | | | | |
| | | | | | |

## 表 12  测回法观测水平角记录表

日期：        班级：        组别：        姓名：        学号：

| 测站 | 盘位 | 目标 | 水平度盘读数 /(° ′ ″) | 半测回水平角 /(° ′ ″) | 一测回水平角 /(° ′ ″) |
|---|---|---|---|---|---|
|  | 左 |  |  |  |  |
|  |  |  |  |  |  |
|  | 右 |  |  |  |  |
|  |  |  |  |  |  |
|  | 左 |  |  |  |  |
|  |  |  |  |  |  |
|  | 右 |  |  |  |  |
|  |  |  |  |  |  |
|  | 左 |  |  |  |  |
|  |  |  |  |  |  |
|  | 右 |  |  |  |  |
|  |  |  |  |  |  |
|  | 左 |  |  |  |  |
|  |  |  |  |  |  |
|  | 右 |  |  |  |  |
|  |  |  |  |  |  |
|  | 左 |  |  |  |  |
|  |  |  |  |  |  |
|  | 右 |  |  |  |  |
|  |  |  |  |  |  |

## 表12 测回法观测水平角记录表

日期：　　　　班级：　　　　组别：　　　　姓名：　　　　学号：

| 测站 | 盘位 | 目标 | 水平度盘读数 /(°′″) | 半测回水平角 /(°′″) | 一测回水平角 /(°′″) |
|---|---|---|---|---|---|
| | 左 | | | | |
| | | | | | |
| | 右 | | | | |
| | | | | | |
| | 左 | | | | |
| | | | | | |
| | 右 | | | | |
| | | | | | |
| | 左 | | | | |
| | | | | | |
| | 右 | | | | |
| | | | | | |
| | 左 | | | | |
| | | | | | |
| | 右 | | | | |
| | | | | | |
| | 左 | | | | |
| | | | | | |
| | 右 | | | | |
| | | | | | |

## 表 13  测回法观测实训报告

日期：          班级：          组别：          姓名：          学号：

| 实习题目 | 用测回法观测水平角 | 成绩 | |
|---|---|---|---|
| 实习目的 | | | |
| 主要仪器及工具 | | | |
| 实习场地布置草图 | | | |
| 实习主要步骤 | | | |
| 实习总结 | | | |

## 表 14  观测竖直角记录表

日期：　　　　　班级：　　　　　组别：　　　　　姓名：　　　　　学号：

| 测站 | 目标 | 竖盘位置 | 竖盘读数 /(° ′ ″) | 半测回竖直角 /(° ′ ″) | 指标差 /(′ ″) | 一测回竖直角 /(° ′ ″) |
|---|---|---|---|---|---|---|
|  |  | 左 |  |  |  |  |
|  |  | 右 |  |  |  |  |
|  |  | 左 |  |  |  |  |
|  |  | 右 |  |  |  |  |
|  |  | 左 |  |  |  |  |
|  |  | 右 |  |  |  |  |
|  |  | 左 |  |  |  |  |
|  |  | 右 |  |  |  |  |
|  |  | 左 |  |  |  |  |
|  |  | 右 |  |  |  |  |
|  |  | 左 |  |  |  |  |
|  |  | 右 |  |  |  |  |
|  |  | 左 |  |  |  |  |
|  |  | 右 |  |  |  |  |
|  |  | 左 |  |  |  |  |
|  |  | 右 |  |  |  |  |

表 14　观测竖直角记录表

日期：　　　　班级：　　　　组别：　　　　姓名：　　　　学号：

| 测站 | 目标 | 竖盘位置 | 竖盘读数 /(° ′ ″) | 半测回竖直角 /(° ′ ″) | 指标差 /(′ ″) | 一测回竖直角 /(° ′ ″) |
|---|---|---|---|---|---|---|
| | | 左 | | | | |
| | | 右 | | | | |
| | | 左 | | | | |
| | | 右 | | | | |
| | | 左 | | | | |
| | | 右 | | | | |
| | | 左 | | | | |
| | | 右 | | | | |
| | | 左 | | | | |
| | | 右 | | | | |
| | | 左 | | | | |
| | | 右 | | | | |
| | | 左 | | | | |
| | | 右 | | | | |
| | | 左 | | | | |
| | | 右 | | | | |

## 表 15 竖直角实训报告

日期：　　　　班级：　　　　组别：　　　　姓名：　　　　学号：

| 实习题目 | 竖直角测量 | 成绩 | |
|---|---|---|---|
| 实习目的 | | | |
| 主要仪器及工具 | | | |
| 实习场地布置草图 | | | |
| 实习主要步骤 | | | |
| 实习总结 | | | |

表 16  全站仪认识实训报告

日期：        班级：        组别：        姓名：        学号：

| 实习题目 | 全站仪认识与使用 | 成绩 | |
|---|---|---|---|
| 实习目的 | | | |
| 主要仪器及工具 | | | |
| 实习场地布置草图 | | | |
| 实习主要步骤 | | | |
| 实习总结 | | | |

## 表 17　全站仪坐标测量实训报告

日期：　　　　班级：　　　　组别：　　　　姓名：　　　　学号：

| 实习题目 | 全站仪三维坐标测量 | 成绩 | |
|---|---|---|---|
| 实习目的 | | | |
| 主要仪器及工具 | | | |
| 实习场地布置草图 | | | |
| 实习主要步骤 | | | |
| 实习总结 | | | |

## 表18　导线外业测量记录表

测量时间　　年　　月　　日　　组别：　　　　观测者：　　　　　　记录者：

| 测站 | 目标 | 竖盘位置 | 水平角观测 | | | 水平距离观测/m |
|---|---|---|---|---|---|---|
| | | | 水平度盘读数/(° ′ ″) | 半测回角值/(° ′ ″) | 一测回角值/(° ′ ″) | |
| | | 左 | | | | ＿＿至＿＿ |
| | | 右 | | | | |
| | | 左 | | | | ＿＿至＿＿ |
| | | 右 | | | | |
| | | 左 | | | | ＿＿至＿＿ |
| | | 右 | | | | |
| | | 左 | | | | ＿＿至＿＿ |
| | | 右 | | | | |
| | | 左 | | | | ＿＿至＿＿ |
| | | 右 | | | | |

## 表 18　导线外业测量记录表

测量时间　　　年　　月　　日　　　组别：　　　　　观测者：　　　　　记录者：

| 测站 | 目标 | 竖盘位置 | 水平角观测 | | | 水平距离观测 /m |
|---|---|---|---|---|---|---|
| | | | 水平度盘读数 /(° ′ ″) | 半测回角值 /(° ′ ″) | 一测回角值 /(° ′ ″) | |
| | | 左 | | | | ____至____ |
| | | 右 | | | | |
| | | 左 | | | | ____至____ |
| | | 右 | | | | |
| | | 左 | | | | ____至____ |
| | | 右 | | | | |
| | | 左 | | | | ____至____ |
| | | 右 | | | | |
| | | 左 | | | | ____至____ |
| | | 右 | | | | |

表18 导线外业测量记录表

测量时间　　年　　月　　日　　组别：　　　　观测者：　　　　　记录者：

| 测站 | 目标 | 竖盘位置 | 水平角观测 | | | 水平距离观测/m |
|---|---|---|---|---|---|---|
| | | | 水平度盘读数/(° ′ ″) | 半测回角值/(° ′ ″) | 一测回角值/(° ′ ″) | |
| | | 左 | | | | ＿＿至＿＿ |
| | | 右 | | | | |
| | | 左 | | | | ＿＿至＿＿ |
| | | 右 | | | | |
| | | 左 | | | | ＿＿至＿＿ |
| | | 右 | | | | |
| | | 左 | | | | ＿＿至＿＿ |
| | | 右 | | | | |
| | | 左 | | | | ＿＿至＿＿ |
| | | 右 | | | | |

### 表 18　导线外业测量记录表

测量时间　　年　　月　　日　　组别：　　　　观测者：　　　　　记录者：

| 测站 | 目标 | 竖盘位置 | 水平角观测 | | | 水平距离观测/m |
|---|---|---|---|---|---|---|
| | | | 水平度盘读数/(° ′ ″) | 半测回角值/(° ′ ″) | 一测回角值/(° ′ ″) | |
| | | 左 | | | | _____至_____ |
| | | 右 | | | | |
| | | 左 | | | | _____至_____ |
| | | 右 | | | | |
| | | 左 | | | | _____至_____ |
| | | 右 | | | | |
| | | 左 | | | | _____至_____ |
| | | 右 | | | | |
| | | 左 | | | | _____至_____ |
| | | 右 | | | | |

表 18　导线外业测量记录表

测量时间　　年　　月　　日　　组别：　　　　　观测者：　　　　　记录者：

| 测站 | 目标 | 竖盘位置 | 水平角观测 | | | 水平距离观测/m |
| --- | --- | --- | --- | --- | --- | --- |
| | | | 水平度盘读数/(° ′ ″) | 半测回角值/(° ′ ″) | 一测回角值/(° ′ ″) | |
| | | 左 | | | | _____至_____ |
| | | 右 | | | | |
| | | 左 | | | | _____至_____ |
| | | 右 | | | | |
| | | 左 | | | | _____至_____ |
| | | 右 | | | | |
| | | 左 | | | | _____至_____ |
| | | 右 | | | | |
| | | 左 | | | | _____至_____ |
| | | 右 | | | | |

## 表18 导线外业测量记录表

测量时间　　年　月　日　　组别：　　　　观测者：　　　　记录者：

| 测站 | 目标 | 竖盘位置 | 水平角观测 | | | 水平距离观测 /m |
| --- | --- | --- | --- | --- | --- | --- |
| | | | 水平度盘读数 /(° ′ ″) | 半测回角值 /(° ′ ″) | 一测回角值 /(° ′ ″) | |
| | | 左 | | | | ＿＿至＿＿ |
| | | 右 | | | | |
| | | 左 | | | | ＿＿至＿＿ |
| | | 右 | | | | |
| | | 左 | | | | ＿＿至＿＿ |
| | | 右 | | | | |
| | | 左 | | | | ＿＿至＿＿ |
| | | 右 | | | | |
| | | 左 | | | | ＿＿至＿＿ |
| | | 右 | | | | |

表 19　三角高程测量实训报告

日期：　　　　　班级：　　　　　组别：　　　　　姓名：　　　　　学号：

| 实习题目 | 三角高程测量 | 成绩 | |
|---|---|---|---|
| 实习目的 | | | |
| 主要仪器及工具 | | | |
| 实习场地布置草图 | | | |
| 实习主要步骤 | | | |
| 实习总结 | | | |

## 表 20  三角高程测量记录及计算表

日　　期：　　　　　　　　　天气：　　　　　　　　　观测者：
仪器型号：　　　　　　　　　　　　　　　　　　　　　　记录者：

| 待求点 | | | | | |
|---|---|---|---|---|---|
| 起算点 | | | | | |
| 观测 | | | | | |
| 平距 $D$/m | | | | | |
| 竖直角 | $L$ | | | | |
| | $R$ | | | | |
| | $\alpha$ | | | | |
| $D\tan\alpha$/m | | | | | |
| 仪器高 $i$/m | | | | | |
| 觇标高 $l$/m | | | | | |
| 两差改正 $f$/m | | | | | |
| 高差/m | | | | | |
| 往返测之差/m | | | 限差 | | |
| 平均高差/m | | | | | |
| 起算点高程/m | | | | | |
| 待求点高程/m | | | | | |

### 表 21　经纬仪测绘法实训报告

日期：　　　　班级：　　　　组别：　　　　姓名：　　　　学号：

| 实习题目 | 经纬仪测绘法测绘地形图 | 成　绩 | |
|---|---|---|---|
| 实习目的 | | | |
| 主要仪器及工具 | | | |
| 实习场地布置草图 | | | |
| 实习主要步骤 | | | |
| 实习总结 | | | |

## 表 22 碎部测量记录表

日　　期：　　　　　天　气：　　　　　观测者：　　　　　记录者：

仪器型号：　　　　　指标差：　　　　　视距常数：

测　　站：　　　　　测站高程：　　　　仪器高程：

| 点号 | 尺上读数 | | 视距间隔/m | 竖直角 | | 水平角/(°′″) | 水平距离/m | 高程/m | 备注 |
|---|---|---|---|---|---|---|---|---|---|
| | 中丝 | 上丝 | | 竖盘读数/(°′″) | 竖直角值/(°′″) | | | | |
| | | 下丝 | | | | | | | |
| | | | | | | | | | |
| | | | | | | | | | |
| | | | | | | | | | |
| | | | | | | | | | |
| | | | | | | | | | |
| | | | | | | | | | |
| | | | | | | | | | |
| | | | | | | | | | |

## 表 22 碎部测量记录表

日　　期：　　　　天　气：　　　　　观测者：　　　　　　记录者：
仪器型号：　　　　指标差：　　　　　视距常数：
测　　站：　　　　测站高程：　　　　仪器高程：

| 点号 | 尺上读数 | | 视距间隔/m | 竖直角 | | 水平角/(° ′ ″) | 水平距离/m | 高程/m | 备注 |
| --- | --- | --- | --- | --- | --- | --- | --- | --- | --- |
| | 中丝 | 上丝 | | 竖盘读数/(° ′ ″) | 竖直角值/(° ′ ″) | | | | |
| | | 下丝 | | | | | | | |
| | | | | | | | | | |
| | | | | | | | | | |
| | | | | | | | | | |
| | | | | | | | | | |
| | | | | | | | | | |
| | | | | | | | | | |
| | | | | | | | | | |
| | | | | | | | | | |

### 表 23  数字测图实训报告

日期：　　　　　　班级：　　　　　　组别：　　　　　　姓名：

| 实习题目 | 数字化法测绘地形图 | 成绩 | |
|---|---|---|---|
| 实习目的 | | | |
| 主要仪器及工具 | | | |
| 实习场地布置草图 | | | |
| 实习主要步骤 | | | |
| 实习总结 | | | |

**表 24 数字化测图数据采集记录表**

日　　期：　　　　　　天气：　　　　　　观测者：　　　　　　记录者：

仪器编号：　　　　　　测站：　　　　　　仪　高：

| 目标点 | $x$/m | $y$/m | $H$/m | 示意图 |
|--------|-------|-------|-------|--------|
|        |       |       |       |        |
|        |       |       |       |        |
|        |       |       |       |        |
|        |       |       |       |        |
|        |       |       |       |        |
|        |       |       |       |        |
|        |       |       |       |        |
|        |       |       |       |        |
|        |       |       |       |        |
|        |       |       |       |        |
|        |       |       |       |        |
|        |       |       |       |        |
|        |       |       |       |        |
|        |       |       |       |        |
|        |       |       |       |        |
|        |       |       |       |        |
|        |       |       |       |        |
|        |       |       |       |        |
|        |       |       |       |        |
|        |       |       |       |        |
|        |       |       |       |        |
|        |       |       |       |        |
|        |       |       |       |        |

### 表 24  数字化测图数据采集记录表

日　　期：　　　　　天气：　　　　　观测者：　　　　　记录者：
仪器编号：　　　　　测站：　　　　　仪　高：

| 目标点 | $x$/m | $y$/m | $H$/m | 示意图 |
|---|---|---|---|---|
|  |  |  |  |  |
|  |  |  |  |  |
|  |  |  |  |  |
|  |  |  |  |  |
|  |  |  |  |  |
|  |  |  |  |  |
|  |  |  |  |  |
|  |  |  |  |  |
|  |  |  |  |  |
|  |  |  |  |  |
|  |  |  |  |  |
|  |  |  |  |  |
|  |  |  |  |  |
|  |  |  |  |  |
|  |  |  |  |  |
|  |  |  |  |  |
|  |  |  |  |  |
|  |  |  |  |  |
|  |  |  |  |  |
|  |  |  |  |  |
|  |  |  |  |  |
|  |  |  |  |  |
|  |  |  |  |  |
|  |  |  |  |  |
|  |  |  |  |  |